中华人民共和国建设部

市政工程投资估算指标

第九册　路 灯 工 程

HGZ 47-109-2007

中 国 计 划 出 版 社

北　　京

U1075329

图书在版编目(CIP)数据

市政工程投资估算指标．第9册，路灯工程．HGZ 47－109－2007/建设部标准定额研究所主编．—北京：中国计划出版社，2008.3(2021.4重印)

ISBN 978－7－80242－078－6

Ⅰ．市…　Ⅱ．建…　Ⅲ．①市政工程—工程造价—估算—中国②街道照明—市政工程—工程造价—估算—中国

Ⅳ．TU723.3　TU994

中国版本图书馆CIP数据核字(2008)第031452号

市政工程投资估算指标

第九册　路灯工程

HGZ 47－109－2007

建设部标准定额研究所　主编

中国计划出版社出版发行

网址：www.jhpress.com

地址：北京市西城区木樨地北里甲11号国宏大厦C座3层

邮政编码：100038　电话：(010)63906433(发行部)

三河富华印刷包装有限公司印刷

880mm×1230mm　1/16　7印张　196千字

2008年3月第1版　2021年4月第2次印刷

印数6001—7500册

ISBN 978-7-80242-078-6

定价：16.00元

版权所有　侵权必究

本书环衬使用中国计划出版社专用防伪纸，封面贴有中国计划出版社专用防伪标，否则为盗版书。请读者注意鉴别、监督！

侵权举报电话：(010)63906404

如有印装质量问题，请寄本社出版部调换

主编部门：中华人民共和国建设部

批准部门：中华人民共和国建设部

执行日期：2008 年 4 月 1 日

建 设 部
关于印发《市政工程投资估算指标》（桥梁等5册）的通知

建标［2007］240号

为合理确定和控制市政工程投资，满足市政建设项目编制项目建议书和可行性研究报告投资估算的需要，我部制定了《市政工程投资估算指标》（《第二册　桥梁工程》、《第四册　排水工程》、《第五册　防洪堤防工程》、《第六册　隧道工程》、《第九册　路灯工程》），编号为HGZ 47-102-2007、HGZ 47-104-2007、HGZ 47-105-2007、HGZ 47-106-2007、HGZ 47-109-2007，现印发给你们。自2008年4月1日起施行。我部1996年发布的《全国市政工程投资估算指标》中的相应内容同时废止。

《市政工程投资估算指标》由建设部标准定额研究所组织中国计划出版社出版发行。

请你们认真贯彻执行，并将工作中的问题和建议反馈建设部标准定额司。

中华人民共和国建设部

二〇〇七年十月十八日

前　　言

根据建设部“关于印发《二〇〇三年工程项目建设标准、投资估算指标、建设项目评价方法与参数编制项目计划》的通知要求”，我部制定了《市政工程投资估算指标》（以下简称《指标》），并于2007年10月18日批准其中桥梁等五册（第一、三、七、八册已于2007年6月批准）。《指标》的制定发布将对合理确定和控制市政工程投资，满足市政建设项目编制项目建议书和可行性研究报告投资估算的需要起到积极的作用。

本《指标》由建设部标准定额研究所负责管理和解释，请各单位在执行过程中，注意积累资料，认真总结经验，将有关意见及时反馈标准定额研究所。

本《指标》的主编单位、参编单位：

主编单位： 建设部标准定额研究所

参编单位： 北京市建设工程造价管理处

北京城建设计研究总院有限责任公司

天津市建设工程定额管理研究站

天津市市政工程经济技术定额研究站

上海市建设工程标准定额管理总站

上海市市政工程定额管理站

上海市政工程设计研究总院

上海市隧道工程轨道交通设计研究院

重庆市建设工程造价管理总站

河北省工程建设造价管理总站

辽宁省建设工程造价管理总站

安徽省建设工程造价管理总站

前言

总 说 明

为了合理确定和控制市政工程投资，满足建设项目编制项目建议书和投资估算的需要，提高建设工程投资效果，制定《市政工程投资估算指标》（以下简称本指标）。

一、本指标依据建设部“关于印发《二〇〇三年工程项目建设标准、投资估算指标、建设项目评价方法与参数编制项目计划》的通知”下达的编制计划，以现行全国市政工程设计标准、质量验收规范和建设部、财政部“关于印发《建筑安装工程费用项目组成》的通知”（建标〔2003〕206 号）、《建设项目总投资及其他费用项目组成规定》（送审稿），以及预算定额、工期定额为依据，在《全国市政工程投资估算指标》（1996 年）的基础上，结合近年有代表性的已竣工典型工程项目的相关资料进行编制。

二、本指标适用于新建、改建、扩建的市政工程项目。

三、本指标是建设项目建议书、可行性研究报告阶段编制投资估算的依据；是多方案比选、优化设计、合理确定投资的基础；是开展项目评价、控制初步设计概算、推行限额设计的参考。

四、本指标共十册。包括《第一册　道路工程》、《第二册　桥梁工程》、《第三册　给水工程》、《第四册　排水工程》、《第五册　防洪堤防工程》、《第六册　隧道工程》、《第七册　燃气工程》、《第八册　集中供热热力网工程》、《第九册　路灯工程》、《第十册　垃圾处理工程》。

五、本指标分综合指标和分项指标。综合指标包括建筑安装工程费、设备购置费、工程建设其他费用、基本预备费；分项指标包括建筑安装工程费、设备购置费。

（一）建筑安装工程费由直接费和综合费用组成。直接费由人工费、材料费、机械费组成。将《建筑安装工程费用项目组成》中的措施费（环境保护、文明施工、安全施工、临时设施、夜间施工的内容）按比例（见费率取定表）分别摊入人工费、材料费和机械费。二次搬运、大型机械设备进出场及安装拆除、混凝土和钢筋混凝土模板及支架、脚手架编入直接工程费。综合费用由间接费、利润和税金组成。

（二）设备购置费依据设计文件规定，其价格由设备原价+设备运杂费组成，设备运杂费指除设备原价之外的设备采购、运输、包装及仓库保管等方面支出费用的总和。

（三）工程建设其他费用包括：建设管理费、可行性研究费、研究试验费、勘察设计费、环境影响评价费、场地准备及临时设施费、工程保险费、联合试运转费、生产准备及开办费。按国家现行有关统一规定程序计算。

（四）预备费包括基本预备费和价差预备费。基本预备费系指在投资估算阶段不可预见的工程费用。

六、本指标的编制期价格、费率取定：

（一）价格取定。人工工资综合单价按北京地区 2004 年 31.03 元/工日；材料价格、机械台班单价按北京地区 2004 年价格。

（二）费率取定。

1. 将措施费分别摊入人工费、材料费和机械费。措施费费率见下表。

项目	道路	桥梁	给水	排水	防洪堤防	隧道		燃气	热力	路灯
						岩石	软土			
费率（%）	4.10	4.40	6.00	6.00	4.00	5.08	5.08	6.00	4.00	4.00

计费基数：人工费+材料费+机械费。

分摊比例：其中人工费 8%，材料费 87%，机械费 5%，分别按比例计算。

2. 综合费用费率见下表。

项目	道路	桥梁	给水	排水	防洪堤防	隧道		燃气	热力	路灯
						岩石	软土			
费率（%）	22.78	22.90	21.30	21.30	21.00	27.68	27.68	21.30	21.30	21.00

计费基数：估算指标直接费。

3. 工程建设其他费用费率。工程建设其他费用费率按 10%～15%确定。具体数值由各册根据专业以及国家规定的收费标准测算确定，并在册说明中说明。

计费基数：建筑安装工程费+设备购置费。

4. 基本预备费费率按 8%确定。

计费基数：建筑安装工程费+设备购置费+工程建设其他费用。

5.《第十册　垃圾处理工程》的费率见分册说明。

七、本指标计算程序见下表。

综合指标计算程序

序号	项　　目	取费基数及计算式
	指标基价	一+二＋三＋四
一	建筑安装工程费	4+5
1	人工费小计	—
2	材料费小计	—
3	机械费小计	—
4	直接费小计	1+2+3
5	综合费用	4×综合费用费率
二	设备购置费	原价+设备运杂费
三	工程建设其他费用	（一+二）×工程建设其他费用费率
四	基本预备费	（一+二+三）×8%

分项指标计算程序

序号	项　　目	取费基数及计算式
	指标基价	一+二
一	建筑安装工程费	（四）＋（五）
1	人工费	—
2	措施费分摊	（1+3+5）×措施费费率×8%
（一）	人工费小计	1+2
3	材料费	—
4	措施费分摊	（1+3+5）×措施费费率×87%
（二）	材料费小计	3+4
5	机械费	—
6	措施费分摊	（1+3+5）×措施费费率×5%
（三）	机械费小计	5+6
（四）	直接费小计	（一）＋（二）＋（三）
（五）	综合费用	（四）×综合费用费率
二	设备购置费	原价+设备运杂费

八、本指标的使用。本指标中的人工、材料、机械费的消耗量原则上不作调整。使用本指标时可按指标消耗量及工程所在地当时当地市场价格并按照规定的计算程序和方法调整指标，费率可参照指标确定，也可按各级建设行政主管部门发布的费率调整。

具体调整办法如下：

（一）建筑安装工程费的调整。

1. 人工费：以指标人工工日数乘以当时当地造价管理部门发布的人工单价确定。

2. 材料费：以指标主要材料消耗量乘以当时当地造价管理部门发布的相应材料价格确定。

$$其他材料费＝指标其他材料费\times\frac{调整后的主要材料费}{指标（材料费小计－其他材料费－材料费中措施费分摊）}$$

3. 机械费：列出主要机械台班消耗量的调整方式：以指标主要机械台班消耗量乘以当时当地造价管理部门发布的相应机械台班价格确定。

$$其他机械费＝指标其他机械费\times\frac{调整后的主要机械费}{指标（机械费小计－其他机械费－机械费中措施费分摊）}$$

未列出主要机械台班消耗量的调整方式：

$$机械费＝指标机械费\times\frac{调整后的（人工费＋材料费）}{指标（人工费＋材料费）}$$

4. 直接费：调整后的直接费为调整后的人工费、材料费、机械费之和。

5. 综合费用：综合费用的调整应按当时当地不同工程类别的综合费率计算。计算公式如下：

综合费用=调整后的直接费×当时当地的综合费率

6. 建筑安装工程费：

建筑安装工程费=调整后的（直接费+综合费用）

（二）设备购置费的调整。指标中列有设备购置费的，按主要设备清单，采用当时当地的设备价格或上涨幅度进行调整。

（三）工程建设其他费用的调整。工程建设其他费用的调整，按国家规定的不同工程类别的工程建设其他费用费率计算。计算公式如下：

工程建设其他费用=调整后的（建筑安装工程费+设备购置费）

× 国家规定的工程建设其他费用费率

（四）基本预备费的调整。

基本预备费=调整后的（建筑安装工程费+设备购置费+工程建设其他费用）

×基本预备费费率

（五）指标基价的调整。

指标基价=调整后的（建筑安装工程费+设备购置费+工程建设其他费用

+基本预备费）

九、建设项目投资估算编制。编制建设项目投资估算，应按上述办法调整。指标中未列费用可根据有关规定调整。

十、本指标中指标编号为“×Z-×××”或“×F-×××”，除注明用英文字母表示外，均用阿拉伯数字表示。

其中：“-”线前部分×表示分册，Z 表示综合指标，F 表示分项指标；

“-”线后部分×××表示划分序号，同一部分顺序编号。

十一、本指标中注明“××以内”或“××以下”者，均包括××本身；而注明“××以外”或“××以上”者，均不包括××本身。

册 说 明

一、《市政工程投资估算指标》第九册“路灯工程”（以下简称本册指标），是根据《电力工业技术管理法规》、《电力装置安装工程施工及验收规范》、《电力建设安全工程规程》、《全国城市道路照明设计标准》等有关施工及验收的技术规范、技术操作规程、质量评定标准、安全操作的规程、路灯设计标准，以及沈阳、北京、天津、西安、南京、武汉、昆明、上海、广州、重庆十个城市的典型工程预、决算资料编制的。

二、本册指标适用于从二次变电所至路灯光源为止，10kV 以下的路灯新建、扩建、改建工程，不适用二次变电所及路灯维护工程。

三、本册指标主要依据的标准、规范有：

1．建设部、财政部文件“关于印发《建筑安装工程费用项目组成》的通知”（建标[2003]206 号）；

2.《建设项目总投资及其他费用项目组成规定》；

3.《全国市政工程投资估算指标》（1996 年）；

4.《建设工程工程量清单计价规范》（GB 50500—2003）；

5.《全国统一安装工程预算定额》（2000 年）；

6.《全国统一市政工程预算定额》（1999 年）；

7.《电力工业技术管理法规》(电技安装第 26 号)；

8.《电力装置安装工程施工及验收规范》（GB 50254~50257—96）；

9.《电力建设安全工作规程》（DL 5009.2—2004）；

10.《城市道路照明设计标准》（GJJ 45—2006）；

11.《电气装置工程高压电器施工及验收规范》（GBJ 147—90）；

12.《电气装置安装工程电力变压器、油浸电抗器、互感器施工及验收规范》（GBJ 148—90）；

13.《电气装置安装工程母线装置施工及验收规范》（GBJ 149—90）；

14.《电气装置安装工程电气设备交接试验标准》（GB 50150—2006）；

15.《电气装置安装工程电缆线路施工及验收规范》（GB 50168—92）；

16.《电气装置安装工程接地装置施工及验收规范》（GB 50169—2006）；

17.《电气装置安装工程旋转电机施工及验收规范》（GB 50170—2006）；

18.《电气装置安装工程盘、柜及二次回路结线施工及验收规范》（GB 50171—92）；

19.《电气装置安装工程蓄电池施工及验收规范》（GB 50172—92）；

20.《电气装置安装工程 35kV 及以下架空电力线路施工及验收规范》（GB 50173—92）；

21.《民用建筑电气设计规范》（JGJ/T 16—1992）；

22.《工业企业照明设计标准》（GB 50034—92）；

23.《电力建设质量等级评定标准》（DL/T 5113.8—2000）；

24.《城市道路照明工程施工及验收规程》(CJJ 89—2001);

25.《高杆照明设施技术条件》(CJ-T 3076—1998);

26．各省市相关行业概预算定额、综合基价、投资估算指标及技术经济指标。

四、本册指标包括三个部分：

(一)综合指标：按安装形式分为合杆架设安装路灯、专用电杆安装路灯、专用铁杆安装路灯、组合路灯安装、高杆灯安装、路灯输电线路安装等六种表现形式。

综合指标不包括路灯设施移交后的维护、管理费。

(二)分项指标：按工程分部划分为路灯变压器电源及控制部分安装、路灯配电线路安装，路灯安装三大类。

(三)附录：

包括主要材料、机械台班、设备单价取定表；编制路灯工程投资估算应用案例。

五、相关说明：

1．本册指标中的导线档距按每档35m取定；供电采用单项、三项变压器；综合指标中的配电线路均按铜电线、铜电缆取定。

2．本册指标中地埋钢管敷设均按人工开挖沥青路面计算；电缆敷设挖土按底宽 0.5m、路面宽0.7m、高 1.2m 取定；电缆井按 100m 敷设导线 3 个电缆井、电缆线预留长度 21m/100m 取定；过道管按每公里 200m 取定。

3．本分册指标高杆灯基础的开挖按坚土土质计算，如遇泥水坑、流水坑等、需做排水、地基基础处理时，费用另计。

4．本册指标未包括道路路面修复费、绿化赔偿费以及高空作业费用。

5．本册中的地埋敷设均已考虑电缆保护管费用，不得重复计算。

6．本册指标中电缆井未考虑排水管费用。

7．路灯工程未考虑供电贴费，发生时按各地标准增计。

目　　录

1 路灯工程综合指标

说　明

本章综合指标是以路灯工程项目为依据编制的。按工作电压等级可分为 10kV 和 220V 两个范围，路灯施工按作业空间又可分为架空、地上及地下部分，路灯施工按施工工艺分解为高压部分、电源部分、线路部分。

一、路灯工程按安装形式分合杆架设路灯、专用混凝土杆架设路灯、专用铁杆路灯、景观灯、组合路灯、壁灯、高杆灯、输电线路。

二、路灯工程内容主要包括：合杆架设安装路灯、专用电杆安装路灯、专用铁杆安装路灯、组合路灯安装、高杆灯安装、路灯输电线路等。

三、计算规则：

1．本册综合指标电源供电均采用台架式变压器编制。

2．本册综合指标中的导线档距按每档 35m 取定；供电采用单项、三项变压器；综合指标中的配电线路均按铜电线、铜电缆取定。

3．本册综合指标架空导线按每公里设置 5 处障碍物取定。

4．本册综合指标景观灯、中杆灯、高杆灯分别按公里施工的指标已包括电源及电源电缆敷设费用，不得重复计算。

5．本册综合指标景观灯、中杆灯、高杆灯中按每基施工的指标不含电源及电源电缆敷设费用，如发生另计。

6．本册综合指标过道管没有预留管费用，如发生另计。

1.1 合杆架设安装路灯

工程内容：材料运输，变压器台制作及安装，路灯控制箱、柜安装，横担、线夹安装，导线架设，拉紧线制作，抱箍灯架安装，灯具安装，灯泡安装，触发器安装，补偿电容安装，保险器安装，镇流器安装，配线，接线，穿管穿线，（系统，单灯）调试等。

单位：km

指标编号				9Z-001	
项目			单位	合杆架设安装单灯单侧路灯	占指标基价（%）
指标基价			元	140854	100.00
一、建筑安装工程费			元	113409	80.52
二、设备购置费			元	—	—
三、工程建设其他费用			元	17011	12.08
四、基本预备费			元	10434	7.41
建筑安装工程费					
直接费	人工费	人工	工日	194	—
		措施费分摊	元	295	—
		人工费小计	元	6920	4.91
	材料费	变压器	台	1.01	—
		变压器台架	套	1.01	—
		单臂悬挑灯架	套	29.29	—
		控制配电箱	台	1.01	—
		路灯灯具	盏	29.29	—
		钠灯泡 250W	只	29.29	—
		钠镇流器	个	29.29	—
		混凝土电杆 11m	根	2.02	—
		铜绞线	单线 km	2.02	—
		其他材料费	元	14263	—
		措施费分摊	元	3211	—
		材料费小计	元	79548	56.48
	机械费	吊车	台班	3.00	—
		交流弧焊机	台班	2.00	—
		高空作业车	台班	5.00	—
		载重汽车	台班	3.00	—
		其他机械费	元	61	—
		措施费分摊	元	185	—
		机械费小计	元	7258	5.15
	直接费小计		元	93726	66.54
综合费用			元	19683	13.97
合计			元	113409	80.52

工程内容： 材料运输，变压器台制作及安装，路灯控制箱、柜安装，横担、线夹安装，导线架设，拉紧线制作，抱箍灯架安装，灯具安装，灯泡安装，触发器安装，补偿电容安装，保险器安装，镇流器安装，配线，接线，穿管穿线，（系统，单灯）调试等。

单位：km

指标编号				9Z-002	
项目			单位	合杆架设安装 双灯单侧路灯	占指标基价（%）
指标基价			元	200082	100.00
一、建筑安装工程费			元	161096	80.52
二、设备购置费			元	—	—
三、工程建设其他费用			元	24164	12.08
四、基本预备费			元	14821	7.41
建筑安装工程费					
直接费	人工费	人工	工日	268	—
		措施费分摊	元	410	—
		人工费小计	元	9567	4.78
	材料费	变压器	台	1.01	—
		变压器台架	套	1.01	—
		单臂悬挑灯架	套	58.58	—
		控制配电箱	台	1.01	—
		路灯灯具	盏	58.58	—
		钠灯泡 250W	只	58.58	—
		钠镇流器	个	58.58	—
		混凝土电杆 11m	根	2.02	—
		铜绞线	单线km	2.02	—
		其他材料费	元	19300	—
		措施费分摊	元	4455	—
		材料费小计	元	115340	57.65
	机械费	吊车	台班	3.00	—
		交流弧焊机	台班	2.00	—
		高空作业车	台班	6.00	—
		载重汽车	台班	3.00	—
		其他机械费	元	71	—
		措施费分摊	元	256	—
		机械费小计	元	8231	4.11
	直接费小计		元	133138	66.54
综合费用			元	27959	13.97
合计			元	161096	80.52

1.2　专用混凝土杆灯安装

工程内容： 材料运输，电杆侧位，开挖电杆坑，电杆组立，电杆坑回填，变压器台制作及安装，路灯控制箱、柜安装，横担、线夹安装，导线架设，拉紧线制作，抱箍灯架安装，灯具安装，灯泡安装，触发器安装，补偿电容安装，保险器安装，镇流器安装，配线，接线，穿管穿线，（系统，单灯）调试等。

单位：km

指标编号				9Z-003	
项目			单位	专用混凝土杆架设安装单灯单侧路灯	占指标基价（%）
指标基价			元	208120	100.00
一、建筑安装工程费			元	167568	80.52
二、设备购置费			元	—	—
三、工程建设其他费用			元	25135	12.08
四、基本预备费			元	15416	7.41
建筑安装工程费					
直接费	人工费	人工	工日	428	—
		措施费分摊	元	426	—
		人工费小计	元	15049	7.23
	材料费	变压器	台	1.01	—
		变压器台架	套	1.01	—
		单臂悬挑灯架	套	29.29	—
		控制配电箱	台	1.01	—
		路灯灯具	盏	29.29	—
		钠镇流器	个	29.29	—
		混凝土电杆 11m	根	29.29	—
		铜绞线	单线 km	2.04	—
		其他材料费	元	22059	—
		措施费分摊	元	4634	—
		材料费小计	元	114326	54.93
	机械费	吊车	台班	3.00	—
		交流弧焊机	台班	2.00	—
		高空作业车	台班	7.00	—
		载重汽车	台班	3.00	—
		其他机械费	元	50	—
		措施费分摊	元	266	—
		机械费小计	元	9112	4.38
	直接费小计		元	138486	66.54
综合费用			元	29082	13.97
合　计			元	167568	80.52

工程内容：材料运输，电杆侧位，开挖电杆坑，电杆组立，电杆坑回填，变压器台制作及安装，路灯控制箱、柜安装，横担、线夹安装，导线架设，拉紧线制作，抱箍灯架安装，灯具安装，灯泡安装，触发器安装，补偿电容安装，保险器安装，镇流器安装，配线，接线，穿管穿线，（系统，单灯）调试等。

单位：km

指标编号				9Z-004	
项　　目			单位	专用混凝土杆架设安装单灯双侧路灯	占指标基价（%）
指标基价			元	277855	100.00
一、建筑安装工程费			元	223715	80.52
二、设备购置费			元	—	—
三、工程建设其他费用			元	33557	12.08
四、基本预备费			元	20582	7.41
建筑安装工程费					
直接费	人工费	人工	工日	503	—
		措施费分摊	元	569	—
		人工费小计	元	17724	6.38
	材料费	变压器	台	1.01	—
		变压器台架	套	1.01	—
		单臂悬挑灯架	套	58.58	—
		控制配电箱	台	1.01	—
		路灯灯具	盏	58.58	—
		钠灯泡 250W	只	59.16	—
		钠镇流器	个	58.58	—
		混凝土电杆 11m	根	29.29	—
		铜绞线	单线 km	2.04	—
		其他材料费	元	42624	—
		措施费分摊	元	6187	—
		材料费小计	元	155364	55.92
	机械费	吊车	台班	5.00	—
		交流弧焊机	台班	2.00	—
		高空作业车	台班	9.00	—
		载重汽车	台班	3.00	—
		其他机械费	元	62	—
		措施费分摊	元	356	—
		机械费小计	元	11800	4.25
	直接费小计		元	184889	66.54
综合费用			元	38827	13.97
合　　计			元	223715	80.52

工程内容： 材料运输，电杆侧位，开挖电杆坑，预埋铁件，电杆组立，电杆坑回填，开挖电缆沟，电缆保护管敷设，电缆盖板敷设，电缆线穿线，电缆沿保护管敷设，开挖电缆井，电缆井制作及安装，电缆中间接头制作，电缆终端头制作，零线重复接地，保护接地，接地极调试，变压器台制作及安装，路灯控制箱、柜安装，灯台制作安装，顶帽灯架安装，灯具安装，灯泡安装，触发器安装，补偿电容安装，保险器安装，镇流器安装，配线，接线，穿管穿线，（系统，单灯）调试等。

单位：km

指标编号				9Z-005	
项目			单位	专用混凝土杆地埋电缆安装单灯单侧路灯	占指标基价（%）
指标基价			元	495710	100.00
一、建筑安装工程费			元	399122	80.52
二、设备购置费			元	—	—
三、工程建设其他费用			元	59868	12.08
四、基本预备费			元	36719	7.41
建筑安装工程费					
直接费	人工费	人工	工日	1844	—
		措施费分摊	元	1015	—
		人工费小计	元	63967	12.90
	材料费	变压器	台	1.01	—
		单臂悬挑灯架	套	29.29	—
		电缆井	个	30.30	—
		电缆铜线	100m	12.10	—
		控制配电箱	台	1.01	—
		路灯灯具	盏	29.29	—
		路灯底座	个	29.29	—
		混凝土电杆 11m	根	29.29	—
		其他材料费	元	101683	—
		措施费分摊	元	11037	—
		材料费小计	元	248512	50.13
	机械费	吊车	台班	13.00	—
		交流弧焊机	台班	7.00	—
		高空作业车	台班	11.00	—
		载重汽车	台班	3.00	—
		其他机械费	元	65	—
		措施费分摊	元	634	—
		机械费小计	元	17374	3.50
	直接费小计		元	329853	66.54
综合费用			元	69269	13.97
合计			元	399122	80.52

工程内容： 材料运输，电杆侧位，开挖电杆坑，预埋铁件，电杆组立，电杆坑回填，开挖电缆沟，电缆保护管敷设，电缆盖板敷设，电缆线穿线，电缆沿保护管敷设，开挖电缆井，电缆井制作及安装，电缆中间接头制作，电缆终端头制作，零线重复接地，保护接地，接地极调试，变压器台制作及安装，灯台制作及安装，顶帽灯架安装，灯具安装，灯泡安装，触发器安装，补偿电容安装，保险器安装，镇流器安装，配线，接线，穿管穿线，（系统，单灯）调试，电缆绝缘测试等。

单位：km

指标编号				9Z-006	
项目			单位	专用混凝土杆地埋电缆安装双灯单侧路灯	占指标基价（%）
指标基价			元	585637	100.00
一、建筑安装工程费			元	471527	80.52
二、设备购置费			元	—	—
三、工程建设其他费用			元	70729	12.08
四、基本预备费			元	43381	7.41
建筑安装工程费					
直接费	人工费	人工	工日	1929	—
		措施费分摊	元	1199	—
		人工费小计	元	67029	11.45
	材料费	变压器	台	1.01	—
		电缆井	个	30.30	—
		电缆铜线	100m	12.10	—
		路灯灯具	盏	58.58	—
		双臂悬挑灯架	套	58.58	—
		塑料管	100m	11.40	—
		混凝土电杆 11m	根	29.29	—
		控制配电箱	台	1.01	—
		其他材料费	元	141600	—
		措施费分摊	元	13040	—
		材料费小计	元	303467	51.82
	机械费	吊车	台班	15.00	—
		交流弧焊机	台班	7.00	—
		高空作业车	台班	12.00	—
		载重汽车	台班	3.00	—
		其他机械费	元	75	—
		措施费分摊	元	749	—
		机械费小计	元	19196	3.28
	直接费小计		元	389692	66.54
综合费用			元	81835	13.97
合计			元	471527	80.52

1.3 专用铁杆灯安装

工程内容： 材料运输，电杆侧位，开挖电杆坑，预埋铁件，电杆组立，电杆坑回填，开挖电缆沟，电缆保护管敷设，电缆盖板敷设，电缆线穿线，电缆沿保护管敷设，开挖电缆井，电缆井制作及安装，电缆中间接头制作，电缆终端头制作，零线重复接地，保护接地，接地极调试，变压器台制作及安装，灯台制作及安装，顶帽灯架安装，灯具安装，灯泡安装，触发器安装，补偿电容安装，保险器安装，镇流器安装，配线，接线，穿管穿线，（系统，单灯）调试，电缆绝缘测试等。

单位：km

指标编号				9Z-007	
项目			单位	专用铁杆地埋电缆安装单灯单侧路灯	占指标基价（%）
指标基价			元	585771	100.00
一、建筑安装工程费			元	471635	80.52
二、设备购置费			元	—	—
三、工程建设其他费用			元	70745	12.08
四、基本预备费			元	43390	7.41
建筑安装工程费					
直接费	人工费	人工	工日	402	—
		措施费分摊	元	1199	—
		人工费小计	元	14934	2.55
	材料费	变压器	台	1.01	—
		电缆井	个	30.30	—
		电缆铜线	100m	12.10	—
		路灯灯具	盏	29.29	—
		路灯底座	个	29.29	—
		塑料管	m	1140.00	—
		铁电杆 11m	根	29.29	—
		控制配电箱	台	1.01	—
		其他材料费	元	98910	—
		措施费分摊	元	13043	—
		材料费小计	元	355243	60.65
	机械费	吊车	台班	16.00	—
		交流弧焊机	台班	7.00	—
		高空作业车	台班	12.00	—
		载重汽车	台班	3.00	—
		其他机械费	元	81	—
		措施费分摊	元	750	—
		机械费小计	元	19604	3.35
	直接费小计		元	389781	66.54
综合费用			元	81854	13.97
合计			元	471635	80.52

工程内容： 材料运输，电杆侧位，开挖电杆坑，预埋铁件，电杆组立，电杆坑回填，开挖电缆沟，电缆保护管敷设，电缆盖板敷设，电缆线穿线，电缆沿保护管敷设，开挖电缆井，电缆井制作及安装，电缆中间接头制作，电缆终端头制作，零线重复接地，保护接地，接地极调试，变压器台制作及安装，灯台制作及安装，顶帽灯架安装，灯具安装，灯泡安装，触发器安装，补偿电容安装，保险器安装，镇流器安装，配线，接线，穿管穿线，（系统，单灯）调试，电缆绝缘测试等。

单位：km

指标编号				9Z-008	
项目			单位	专用铁杆地埋电缆安装双灯单侧路灯	占指标基价（%）
指标基价			元	633033	100.00
一、建筑安装工程费			元	509688	80.52
二、设备购置费			元	—	—
三、工程建设其他费用			元	76453	12.08
四、基本预备费			元	46891	7.41
建筑安装工程费					
直接费	人工费	人工	工日	402	—
		措施费分摊	元	1296	—
		人工费小计	元	15031	2.37
	材料费	变压器	台	1.01	—
		电缆井	个	30.30	—
		电缆铜线	100m	12.10	—
		路灯灯具	盏	58.58	—
		塑料管	m	1140.00	—
		铁电杆 11m	根	29.29	—
		控制配电箱	台	1.01	—
		其他材料费	元	156927	—
		措施费分摊	元	14095	—
		材料费小计	元	383537	60.59
	机械费	吊车	台班	19.00	—
		交流弧焊机	台班	7.00	—
		高空作业车	台班	14.00	—
		载重汽车	台班	3.00	—
		其他机械费	元	89	—
		措施费分摊	元	810	—
		机械费小计	元	22662	3.58
	直接费小计		元	421230	66.54
综合费用			元	88458	13.97
合　计			元	509688	80.52

1.4 景观灯安装

工程内容： 材料运输，电杆侧位，开挖电杆坑，预埋铁件，电杆组立，电杆坑回填，开挖电缆沟，电缆保护管敷设，电缆盖板敷设，电缆线穿线，电缆沿保护管敷设，开挖电缆井，电缆井制作及安装，电缆中间接头制作，电缆终端头制作，零线重复接地，保护接地，接地极调试，变压器台制作及安装，灯台制作及安装，景观灯安装，灯具安装，灯泡安装，触发器安装，补偿电容安装，保险器安装，镇流器安装，配线，接线，穿管穿线，（系统，单灯）调试，电缆绝缘测试等。

单位：基

指标编号				9Z-009	
项目			单位	景观灯安装	占指标基价（%）
指标基价			元	53850	100.00
一、建筑安装工程费			元	43358	80.52
二、设备购置费			元	—	—
三、工程建设其他费用			元	6504	12.08
四、基本预备费			元	3989	7.41
建筑安装工程费					
直接费	人工费	人工	工日	53	—
		措施费分摊	元	110	—
		人工费小计	元	1919	3.56
	材料费	电缆井	个	2.02	—
		电缆铜线	100m	0.12	—
		景观灯	套	1.01	—
		绝缘铝芯线	km	0.03	—
		路灯基础 1.7m	个	1.01	—
		塑料管	m	6.01	—
		其他材料费	元	10686	—
		措施费分摊	元	1199	—
		材料费小计	元	27175	50.46
	机械费	吊车	台班	2.00	—
		交流弧焊机	台班	3.00	—
		高空作业车	台班	5.00	—
		载重汽车	台班	3.00	—
		其他机械费	元	55	—
		措施费分摊	元	69	—
		机械费小计	元	6738	12.51
	直接费小计		元	35833	66.54
综合费用			元	7525	13.97
合计			元	43358	80.52

1.5　组合路灯安装

工程内容： 材料运输，电杆定位，开挖电杆坑，电杆组立，电杆坑回填，现浇混凝土基础，电杆支撑保护，开挖电缆沟，电缆保护管敷设，电缆盖板敷设，电缆线穿线，电缆沿保护管敷设，开挖电缆井，电缆井制作及安装，电缆中间接头制作，电缆终端头制作，零线重复接地，保护接地，接地极调试，变压器台制作及安装，灯台制作安装，顶帽灯架安装，灯具安装，灯泡安装，触发器安装，补偿电容安装，保险器安装，镇流器安装，配线，接线，穿管穿线，（系统，单灯）调试，电缆绝缘测试等。

单位：km

指标编号				9Z-010	
项目			单位	专用混凝土杆地埋电缆安装5火组合灯	占指标基价（%）
指标基价			元	763978	100.00
一、建筑安装工程费			元	615119	80.52
二、设备购置费			元	—	—
三、工程建设其他费用			元	92268	12.08
四、基本预备费			元	56591	7.41
建筑安装工程费					
直接费	人工费	人工	工日	401	—
		措施费分摊	元	1564	—
		人工费小计	元	15251	2.00
	材料费	变压器	台	1.01	—
		电缆井	个	30.30	—
		电缆铜线	100m	12.10	—
		路灯灯具	盏	146.45	—
		钠镇流器	个	146.45	—
		混凝土电杆 11m	根	29.29	—
		组合灯路灯 5火	套	29.29	—
		控制配电箱	台	1.01	—
		其他材料费	元	115238	—
		措施费分摊	元	17011	—
		材料费小计	元	471218	61.68
	机械费	吊车	台班	19.00	—
		交流弧焊机	台班	5.00	—
		高空作业车	台班	13.00	—
		载重汽车	台班	3.00	—
		其他机械费	元	161	—
		措施费分摊	元	978	—
		机械费小计	元	21894	2.87
	直接费小计		元	508363	66.54
综合费用			元	106756	13.97
合计			元	615119	80.52

工程内容： 材料运输，电杆侧位，开挖电杆坑，电杆组立，电杆坑回填，现浇混凝土基础，电杆支撑保护，开挖电缆沟，电缆保护管敷设，电缆盖板敷设，电缆线穿线，电缆沿保护管敷设，开挖电缆井，电缆井制作及安装，电缆中间接头制作，电缆终端头制作，零线重复接地，保护接地，接地极调试，变压器台制作及安装，灯台制作及安装，顶帽灯架安装，灯具安装，灯泡安装，触发器安装，补偿电容安装，保险器安装，镇流器安装，配线，接线，穿管穿线，（系统，单灯）调试，电缆绝缘测试等。

单位：km

指标编号				9Z-011	
项目			单位	专用混凝土杆地埋电缆安装9火组合灯	占指标基价（%）
指标基价			元	1144550	100.00
一、建筑安装工程费			元	921538	80.52
二、设备购置费			元	—	—
三、工程建设其他费用			元	138231	12.08
四、基本预备费			元	84781	7.41
建筑安装工程费					
直接费	人工费	人工	工日	402	—
		措施费分摊	元	2343	—
		人工费小计	元	16076	1.40
	材料费	变压器	台	4.04	—
		电缆铜线	100m	12.10	—
		控制配电箱	台	4.04	—
		路灯灯具	盏	263.61	—
		钠镇流器	个	263.61	—
		塑料管	m	1260.00	—
		组合灯路灯	套	29.29	—
		其他材料费	元	245423	—
		措施费分摊	元	25484	—
		材料费小计	元	721331	63.02
	机械费	吊车	台班	19.00	—
		交流弧焊机	台班	5.00	—
		高空作业车	台班	15.00	—
		载重汽车	台班	3.00	—
		其他机械费	元	192	—
		措施费分摊	元	1465	—
		机械费小计	元	24194	2.11
	直接费小计		元	761601	66.54
综合费用			元	159936	13.97
合计			元	921538	80.52

工程内容： 材料运输，电杆侧位，开挖电杆坑，电杆组立，电杆坑回填，现浇混凝土基础，电杆支撑保护，开挖电缆沟，电缆保护管敷设，电缆盖板敷设，电缆线穿线，电缆沿保护管敷设，开挖电缆井，电缆井制作及安装，电缆中间接头制作，电缆终端头制作，零线重复接地，保护接地，接地极调试，变压器台制作及安装，灯台制作及安装，顶帽灯架安装，灯具安装，灯泡安装，触发器安装，补偿电容安装，保险器安装，镇流器安装，配线，接线，穿管穿线，（系统，单灯）调试，电缆绝缘测试等。

单位：km

指标编号				9Z-012	
项　目			单位	专用铁杆地埋电缆安装9火组合灯	占指标基价（%）
指标基价			元	1503262	100.00
一、建筑安装工程费			元	1210356	80.52
二、设备购置费			元	—	—
三、工程建设其他费用			元	181553	12.08
四、基本预备费			元	111353	7.41
建筑安装工程费					
直接费	人工费	人工	工日	426	—
		措施费分摊	元	3078	—
		人工费小计	元	17622	1.17
	材料费	变压器	台	4.04	—
		电缆铜线	100m	12.10	—
		控制配电箱	台	4.04	—
		路灯灯具	盏	263.61	—
		钠镇流器	个	263.61	—
		塑料管	m	1260.00	—
		铁电杆 11m	根	29.29	—
		组合灯路灯	套	29.29	—
		其他材料费	元	375614	—
		措施费分摊	元	33471	—
		材料费小计	元	957923	63.72
	机械费	吊车	台班	19.00	—
		交流弧焊机	台班	7.00	—
		高空作业车	台班	15.00	—
		载重汽车	台班	3.00	—
		其他机械费	元	171	—
		措施费分摊	元	1924	—
		机械费小计	元	24749	1.65
	直接费小计		元	1000294	66.54
综合费用			元	210062	13.97
合　计			元	1210356	80.52

1.6 壁灯安装

工程内容： 1. 塑料保护管敷设，沟底夯实，锯管，接口，敷设，堵管口等。2. 电缆敷设，开箱检查，敷设，锯断，固定，配合试验，临时封头，持挂牌。3. 壁灯安装，测位，划线，支架安装，灯具组装，接线，灯泡、镇流器、熔断器安装等。

单位：100m

指标编号				9Z-013	
项目			单位	壁灯安装	占指标基价(%)
指标基价			元	34590	100.00
一、建筑安装工程费			元	27851	80.52
二、设备购置费			元	—	—
三、工程建设其他费用			元	4178	12.08
四、基本预备费			元	2562	7.41
建筑安装工程费					
直接费	人工费	人工	工日	128	—
		措施费分摊	元	71	—
		人工费小计	元	4456	12.88
	材料费	壁灯	套	5.05	—
		电缆井	个	3.03	—
		电缆铜线	100m	1.21	—
		标准砖	千块	1.89	—
		钠镇流器	个	5.05	—
		中砂	m^3	9.72	—
		塑料管	m	114.00	—
		混凝土保护板	100块	3.74	—
		其他材料费	元	2107	—
		措施费分摊	元	770	—
		材料费小计	元	14066	40.67
	机械费	吊车	台班	2.00	—
		交流弧焊机	台班	1.00	—
		高空作业车	台班	3.00	—
		载重汽车	台班	2.00	—
		其他机械费	元	92	—
		措施费分摊	元	44	—
		机械费小计	元	4495	13.00
	直接费小计		元	23017	66.54
综合费用			元	4834	13.97
合计			元	27851	80.52

1.7 庭院灯安装

工程内容：材料运输，庭院灯侧位，开挖电杆坑，庭院灯杆组立，庭院灯杆坑回填，现浇混凝土基础，电杆支撑保护，开挖电缆沟，电缆保护管敷设，电缆盖板敷设，电缆线穿线，电缆沿保护管敷设，开挖电缆井，电缆井制作及安装，电缆中间接头制作，电缆终端头制作，零线重复接地，保护接地，接地极调试，灯台制作及安装，顶帽灯架安装，灯具安装，灯泡安装，触发器安装，补偿电容安装，保险器安装，镇流器安装，配线，接线，穿管穿线，（系统，单灯）调试，电缆绝缘测试等。

单位：km

指标编号				9Z-014	
项目			单位	庭院灯安装	占指标基价（%）
指标基价			元	530116	100.00
一、建筑安装工程费			元	426825	80.52
二、设备购置费			元	—	—
三、工程建设其他费用			元	64024	12.08
四、基本预备费			元	39268	7.41
建筑安装工程费					
直接费	人工费	人工	工日	1305	—
		措施费分摊	元	1085	—
		人工费小计	元	45627	8.61
	材料费	路灯基础 1.5m	个	50.50	—
		电缆铜线	100m	12.10	—
		中砂	m^3	97.20	—
		塑料管	m	1140.00	—
		庭院路灯	套	50.50	—
		混凝土保护板	100块	37.40	—
		其他材料费	元	8104	—
		措施费分摊	元	11803	—
		材料费小计	元	282572	53.30
		吊车	台班	21.00	—
		交流弧焊机	台班	7.00	—
		高空作业车	台班	15.00	—
		载重汽车	台班	4.00	—
		其他机械费	元	101	—
		措施费分摊	元	678	—
		机械费小计	元	24549	4.63
	直接费小计		元	352748	66.54
综合费用			元	74077	13.97
合计			元	426825	80.52

1.8　中杆灯安装

工程内容：材料运输，高杆灯地质勘测，高杆灯侧位，高杆灯电杆组立，基础开挖，现浇钢筋混凝土，开挖电缆沟，电缆保护管敷设，电缆盖板敷设，电缆线穿线，电缆沿保护管敷设，开挖电缆井，电缆井制作及安装，电缆中间接头制作，电缆终端头制作，零线重复接地，保护接地，接地极调试，变压器台制作及安装，变压器安装，高杆灯灯架安装，接地网制作及安装，灯具安装，灯泡安装，配线接线，穿管穿线，（系统，单灯）调试，电缆绝缘测试等。

单位：kn

指标编号				9Z-015	
项目			单位	中灯灯盘固定式 18火以下安装	占指标基价(%)
指标基价			元	130196	100.00
一、建筑安装工程费			元	104828	80.52
二、设备购置费			元	—	—
三、工程建设其他费用			元	15724	12.08
四、基本预备费			元	9644	7.41
建筑安装工程费					
直接费	人工费	人工	工日	62	—
		措施费分摊	元	267	—
		人工费小计	元	2394	1.84
	材料费	路灯基础	套	1.01	—
		电缆铜线	100m	0.55	—
		高杆灯灯架 18火	套	1.01	—
		路灯灯具	盏	18.18	—
		中杆灯灯柱 15m	基	1.01	—
		其他材料费	元	4054	—
		措施费分摊	元	2899	—
		材料费小计	元	75453	57.95
	机械费	吊车	台班	5.00	—
		交流弧焊机	台班	3.00	—
		高空作业车	台班	5.00	—
		载重汽车	台班	4.00	—
		其他机械费	元	333	—
		措施费分摊	元	167	—
		机械费小计	元	8788	6.75
	直接费小计		元	86635	66.54
综合费用			元	18193	13.97
合计			元	104828	80.52

1.9 高杆灯安装

工程内容：材料运输，高杆灯地质勘测，高杆灯侧位，高杆灯电杆组立，基础开挖，现浇钢筋混凝土，开挖电缆沟，电缆保护管敷设，电缆盖板敷设，电缆线穿线，电缆沿保护管敷设，开挖电缆井，电缆井制作及安装，电缆中间接头制作，电缆终端头制作，零线重复接地，保护接地，接地极调试，变压器台制作及安装，变压器安装，高杆灯灯架安装，接地网制作及安装，灯具安装，灯泡安装，配线，接线，穿管穿线，（系统，单灯）调试，电缆绝缘测试等。

单位：km

指标编号				9Z-016	
项目			单位	高杆灯灯盘固定式 18 火以下安装	占指标基价（%）
指标基价			元	145239	100.00
一、建筑安装工程费			元	116940	80.52
二、设备购置费			元	—	—
三、工程建设其他费用			元	17541	12.08
四、基本预备费			元	10758	7.41
建筑安装工程费					
直接费	人工费	人工	工日	65	—
		措施费分摊	元	297	—
		人工费小计	元	2519	1.73
	材料费	电缆铜线	100m	0.65	—
		高杆灯灯架 18 火	套	1.01	—
		高杆灯灯柱 25m	基	1.01	—
		高杆灯基础	套	1.01	—
		路灯灯具	盏	18.18	—
		其他材料费	元	4431	—
		措施费分摊	元	3234	—
		材料费小计	元	83874	57.75
	机械费	吊车	台班	6.00	—
		交流弧焊机	台班	4.00	—
		高空作业车	台班	6.00	—
		载重汽车	台班	4.00	—
		其他机械费	元	427	—
		措施费分摊	元	185	—
		机械费小计	元	10252	7.06
	直接费小计		元	96645	66.54
综合费用			元	20295	13.97
合计			元	116940	80.52

工程内容： 材料运输，高杆灯地质勘测，高杆灯侧位，高杆灯电杆组立，基础开挖，现浇钢筋混凝土，开挖电缆沟，电缆保护管敷设，电缆盖板敷设，电缆线穿线，电缆沿保护管敷设，开挖电缆井，电缆井制作及安装，电缆中间接头制作，电缆终端头制作，零线重复接地，保护接地，接地极调试，变压器台制作及安装，变压器安装，高杆灯灯架安装，接地网制作及安装，灯具安装，灯泡安装，配线，接线，穿管穿线，（系统，单灯）调试，电缆绝缘测试等。

单位：km

指标编号				9Z-017	
项目			单位	高杆灯灯盘升降式 18 火以下安装	占指标基价（%）
指标基价			元	165633	100.00
一、建筑安装工程费			元	133360	80.52
二、设备购置费			元	—	—
三、工程建设其他费用			元	20004	12.08
四、基本预备费			元	12269	7.41
建筑安装工程费					
直接费	人工费	人工	工日	68	—
		措施费分摊	元	339	—
		人工费小计	元	2654	1.60
	材料费	高杆灯基础	套	1.01	—
		电缆铜线	100m	0.65	—
		高杆灯灯架	套	1.01	—
		高杆灯灯柱 25m	基	1.01	—
		路灯灯具	盏	18.18	—
		升降传动装置	套	1.01	—
		其他材料费	元	4726	—
		措施费分摊	元	3688	—
		材料费小计	元	98201	59.29
	机械费	吊车	台班	7.00	—
		交流弧焊机	台班	4.00	—
		高空作业车	台班	4.00	—
		载重汽车	台班	5.00	—
		其他机械费	元	477	—
		措施费分摊	元	212	—
		机械费小计	元	9360	5.65
	直接费小计		元	110215	66.54
综合费用			元	23145	13.97
合计			元	133360	80.52

工程内容：材料运输，高杆灯地质勘测，高杆灯侧位，高杆灯电杆组立，基础开挖，现浇钢筋混凝土，开挖电缆沟，电缆保护管敷设，电缆盖板敷设，电缆线穿线，电缆沿保护管敷设，开挖电缆井，电缆井制作及安装，电缆中间接头制作，电缆终端头制作，零线重复接地，保护接地，接地极调试，变压器台制作及安装，变压器安装，高杆灯灯架安装，接地网制作及安装，灯具安装，灯泡安装，配线，接线，穿管穿线，（系统，单灯）调试，电缆绝缘测试等。

单位：km

指标编号				9Z-018	
项目			单位	高杆灯灯盘固定式 24火以下安装	占指标基价（%）
指标基价			元	185139	100.00
一、建筑安装工程费			元	149065	80.52
二、设备购置费			元	—	—
三、工程建设其他费用			元	22360	12.08
四、基本预备费			元	13714	7.41
建筑安装工程费					
直接费	人工费	人工	工日	76	—
		措施费分摊	元	380	—
		人工费小计	元	2987	1.61
	材料费	高杆灯基础	套	1.01	—
		电缆铜线	100m	0.65	—
		高杆灯灯架	套	1.01	—
		高杆灯灯柱 25m	基	1.01	—
		路灯灯具	盏	24.24	—
		升降传动装置系统	套	1.01	—
		其他材料费	元	5416	—
		措施费分摊	元	4131	—
		材料费小计	元	109448	59.12
	机械费	吊车	台班	8.00	—
		交流弧焊机	台班	4.00	—
		高空作业车	台班	5.00	—
		载重汽车	台班	5.00	—
		其他机械费	元	558	—
		措施费分摊	元	237	—
		机械费小计	元	10760	5.81
	直接费小计		元	123194	66.54
综合费用			元	25871	13.97
合计			元	149065	80.52

1.10 路灯输电线路安装

工程内容：1. 挖电杆坑：挖方，填方，修整，操平。2. 底卡盘安装：杆坑修整，底卡盘安装等。3. 电杆组立：立杆，找正，填土夯实。4. 杆坑回填：填土，原土夯实，场地平整等。5. 电杆编号：定位去尘，杆上刷漆，编号，量高度，粘号牌。6. 横担抱箍安装：定位，上抱箍，装支架、横担、支撑，装瓷瓶等。7. 导线架设：放线，连接，架线，绑扎等。8. 挖拉线坑：挖土，填方，修整，操平。9. 拉线盘制作：放线，下料，装拉线盘，调整，紧线，填土夯实等。10. 导线跨越：跨越架的搭设，拆除等。

单位：km

指标编号			单位	9Z-019	
项目			单位	输电线路架设安装（裸铜线）	占指标基价（%）
指标基价			元	287552	100.00
一、建筑安装工程费			元	231523	80.52
二、设备购置费			元	—	—
三、工程建设其他费用			元	34728	12.08
四、基本预备费			元	21300	7.41
建筑安装工程费					
直接费	人工费	人工	工日	72	—
		措施费分摊	元	589	—
		人工费小计	元	3061	1.06
	材料费	抱箍 D300	个	25.50	—
		底盘	个	25.25	—
		拉线	组	5.05	—
		铁横担 50m×5m×2.4m	根	25.25	—
		混凝土电杆 15m	根	25.25	—
		铜绞线	单线 km	3.06	—
		针式绝缘子	个	77.25	—
		其他材料费	元	120743	—
		措施费分摊	元	6403	—
		材料费小计	元	183093	63.67
	机械费	吊车	台班	5.00	—
		交流弧焊机	台班	2.00	—
		高空作业车	台班	2.00	—
		载重汽车	台班	2.00	—
		其他机械费	元	85	—
		措施费分摊	元	368	—
		机械费小计	元	5187	1.80
	直接费小计		元	191341	66.54
综合费用			元	40182	13.97
合计			元	231523	80.52

工程内容： 1. 挖电杆坑：电缆沟槽清理，填方。2. 电缆敷设：开箱检查，敷设，锯断，固定，配合试验，临时封头，持挂牌。3. 电缆沟铺砂，盖板：调整电缆间距，铺砂盖保护板，埋设标桩，揭盖盖板等。4. 户外电缆头制作：填土，原土夯实，场地平整等。5. 电杆编号：定位，去尘，杆上刷漆，编号，量高度，粘号牌。6. 导线架设：放线，连接，架线，绑扎等。7. 挖方，填方，修整，操平。8. 拉线盘制作：放线，下料，装拉线盘，调整 ，紧线，填土夯实等。9. 导线跨越：跨越架的搭设，拆除等。

单位：km

指标编号				9Z-020	
项目			单位	输电线路架设安装（架空电缆）	占指标基价（%）
指标基价			元	225408	100.00
一、建筑安装工程费			元	181488	80.52
二、设备购置费			元	—	—
三、工程建设其他费用			元	27223	12.08
四、基本预备费			元	16697	7.41
建筑安装工程费					
直接费	人工费	人工	工日	279	—
		措施费分摊	元	432	—
		人工费小计	元	9955	4.42
	材料费	混凝土电杆 15m	根	25.25	—
		悬挂线夹	个	23.23	—
		拉线	组	5.05	—
		卡盘	个	25.25	—
		绝缘铜线	单线 km	3.06	—
		底盘	个	25.25	—
		抱箍 D300	个	25.50	—
		其他材料费	元	38451	—
		措施费分摊	元	5020	—
		材料费小计	元	134029	59.46
	机械费	吊车	台班	5.00	—
		交流弧焊机	台班	2.00	—
		高空作业车	台班	3.00	—
		载重汽车	台班	2.00	—
		其他机械费	元	94	—
		措施费分摊	元	289	—
		机械费小计	元	6007	2.66
	直接费小计		元	149990	66.54
综合费用			元	31498	13.97
合　计			元	181488	80.52

工程内容：1. 开挖电缆坑:电缆沟清理、填方等。2. 电缆敷设：开箱检查，敷设，锯断，固定，配合试验，临时封头，持挂牌。3. 电缆沟铺砂，盖板：调整电缆间距，铺砂盖保护板，埋设标桩，揭盖盖板等。4. 户外电缆头制作：定位，量尺寸，锯断，压连接管，包缠绝缘层，板管焊接地线，封铅管，配料浇注，安装固定。5. 电缆对相位，电缆试验等。

单位：km

指标编号				9Z-021	
项目			单位	输电线路安装（地埋电缆）	占指标基价（%）
指标基价			元	191168	100.00
一、建筑安装工程费			元	153919	80.52
二、设备购置费			元	—	—
三、工程建设其他费用			元	23088	12.08
四、基本预备费			元	14161	7.41
建筑安装工程费					
直接费	人工费	人工	工日	760	—
		措施费分摊	元	391	—
		人工费小计	元	26332	13.77
	材料费	电缆	100m	10.10	—
		户外冷缩接头	个	2.00	—
		中砂	m^3	9.72	—
		混凝土保护板	100块	37.40	—
		其他材料费	元	68	—
		措施费分摊	元	4257	—
		材料费小计	元	94257	49.31
	机械费	吊车	台班	7.00	—
		交流弧焊机	台班	1.00	—
		高空作业车	台班	3.00	—
		载重汽车	台班	2.00	—
		其他机械费	元	105	—
		措施费分摊	元	245	—
		机械费小计	元	6616	3.46
	直接费小计		元	127206	66.54
综合费用			元	26713	13.97
合计			元	153919	80.52

2　路灯工程分项指标

说　明

本章分项指标是以路灯线路安装形式为依据编制的，分为路灯变压器电源及控制部分安装、路灯配电线路安装、路灯安装工程三大类的路灯安装指标估算价格。

一、路灯变压器电源及控制部分安装工程分为变压器台架安装、箱式变电站安装、地埋变压器安装、路灯智能控制安装。

二、路灯配电线路安装工程设置及说明：

1. 管沟施工方式设置为：

管沟深度≤1.2m 以下按常规开挖方式设置。

2. 管沟的挖、填土（石）方除特殊要求外，可按下表计算土方量：

项　　目	电缆根数	
每米沟长挖方量（m^3/m）	1～2	每增1根
	0.45	0.153

3. 管沟换土回填，回填土中含有碎石等成分时按规范要求管沟至地面点 0.5m 内高素土回填和换土回填采用撼砂，因上述两种换土回填方式和平原地区差异较大，故本估算指标均未计算，发生时可按实计算。

4. 管沟路面开挖和恢复所发生一切费用本估算指标均未计算，应按实另执行《市政工程投资估算指标》第一册道路工程相关项目计算。

5. 路灯配电线路安装工程中电缆按材质分铜芯和铝芯电缆。

6. 路灯配电线路安装工程中电缆保护管按材质分钢质、水泥和聚乙烯管，其规格（单位：mm）分为 *DN*70、*DN*100 两种，如与实不符时，均按实调整计入材料费中，其人工工日和机械台班不作调整。

三、路灯安装工程设备按道路断面分为单臂灯、双臂灯、中杆灯、高杆灯、庭院灯、壁灯。

四、计算规则。

1. 本册分项指标中的导线档距按每档 35m 取定；供电采用单项、三项变压器；综合指标中的配电线路均按铜电线、铜电缆取定。

2. 本册分项指标中地埋钢管敷设均按人工开挖沥青路面计算；电缆敷设挖土方按底宽 0.5m、路面宽 0.7m、高 1.2m 取定；电缆井按 100m 制作 3 个电缆井、电缆线预留长度 21m/100m 取定；过道管按每公里 200m 取定。

3. 本册分项指标架空导线按每公里设置 5 处障碍物取定。

4. 本册分项指标箱式变电站高压电缆敷设按 35m 取定。

5. 本册分项指标地埋式变压器高压电缆敷设按 60m 取定。

6. 本册分项指标智能控制的路灯监控终端接 10 个取定。

7. 本册智能控制（三遥）系统已考虑地理信息系统，不得重复计算。

2.1 路灯变压器电源及控制部分安装

工程内容： 1. 挖电杆坑：挖方、填方、修整、操平，2. 安装底卡盘：杆坑修整，底卡盘安装等。3. 组立电杆：立杆、找正，填土夯实。4. 杆坑填回：填土，原土夯实，场地平整等。5. 电杆编号：定位，去尘，杆上刷漆，编号，量高度，粘号牌。6. 横担、抱箍安装：定位，上抱箍，装支架、横担、支撑，装瓷瓶等。7. 变压器台架安装：支架、横担、撑铁安装，变压器吊装、固定，配线，接线，接地。8. 高压跌落式、避雷安装，低压避雷安装等。9. 控制箱安装：开箱、检查、安装、接线地。10. 变压器安装：开箱检查、本体就位、器身检查，套管、油枕及热器的清洗、油柱试验，风扇、油泵、电机解体检查、接线，附件安装。11. 开关箱、绝缘线安装。12. 接地极试验。13. 配电系统调试等。

单位：台

指标编号			9F-001	
项目		单位	杆上变压器容量在100kV·A以下单相H台安装	占指标基价（%）
指标基价		元	38494	100.00
一、建筑安装工程费		元	38494	100.00
二、设备购置费		元	—	—
建筑安装工程费				
直接费	人工费	人工	工日	72	—
		措施费分摊	元	98	—
		人工费小计	元	2552	6.63
	材料费	变压器	台	1.01	—
		变压器台架	套	1.01	—
		控制配电箱	台	1.01	—
		母线横担	组	3.03	—
		塑料管	m	6.06	—
		混凝土电杆 11m	根	2.00	—
		其他材料费	元	1802	—
		措施费分摊	元	1065	—
		材料费小计	元	28281	73.47
	机械费	吊车	台班	1.00	—
		交流弧焊机	台班	1.00	—
		载重汽车	台班	1.00	—
		其他机械费	元	47	—
		措施费分摊	元	61	—
		机械费小计	元	981	2.55
	直接费小计		元	31814	82.64
综合费用			元	6681	17.36
合计			元	38494	100.00

工程内容： 1. 挖电杆坑：挖方、填方、修整、操平。2. 安装底卡盘：杆坑修整，底卡盘安装等。3. 组立电杆：立杆、找正，填土夯实。4. 杆坑填回：填土，原土夯实，场地平整等。5. 电杆编号：定位，去尘，杆上刷漆，编号，量高度，粘号牌。6. 横担、抱箍安装：定位，上抱箍，装支架、横担、支撑，装瓷瓶等。7. 变压器台架台架安装：支架、横担、撑铁安装，变压器吊装，固定，配线，接线，接地。8. 高压跌落式、避雷安装，低压避雷安装等。9. 控制箱安装：开箱、检查、安装、接线地。10. 变压器安装：开箱检查、本体就位、器身检查，套管、油枕及热器的清洗、油柱试验，风扇，油泵、电机解体检查、接线，附件安装。11. 开关箱、绝缘线安装。12. 接地极试验。13. 配电系统调试等。

单位：台

指标编号				9F-002	
项目			单位	杆上变压器容量在100kV·A以下三相H台安装	占指标基价（%）
指标基价			元	59682	100.00
一、建筑安装工程费			元	59682	100.00
二、设备购置费			元	—	—
建筑安装工程费					
直接费	人工费	人工	工日	67	—
		措施费分摊	元	152	—
		人工费小计	元	2442	4.09
	材料费	变压器 三相	台	1.01	—
		变压器台架	套	1.01	—
		低压刀闸 三相	组	3.03	—
		架空电缆	km	0.06	—
		控制配电箱 三相	台	1.01	—
		混凝土电杆 11m	根	2.02	—
		其他材料费	元	6327	—
		措施费分摊	元	1650	—
		材料费小计	元	45859	76.84
	机械费	吊车	台班	1.00	—
		交流弧焊机	台班	1.00	—
		载重汽车	台班	1.00	—
		其他机械费	元	56	—
		措施费分摊	元	95	—
		机械费小计	元	1023	1.71
	直接费小计		元	49324	82.64
综合费用			元	10358	17.36
合计			元	59682	100.00

工程内容： 1. 挖电杆坑：挖方、填方、修整、操平。2. 安装底卡盘：杆坑修整，底卡盘安装等。3. 组立电杆：立杆、找正，填土夯实。4. 杆坑填回：填土，原土夯实，场地平整等。5. 电杆编号：定位去尘，杆上刷漆，编号、量高度，粘号牌。6. 横担、抱箍安装：定位，上抱箍，装支架、横担、支撑，装瓷瓶等。7. 变压器台架台架安装：支架、横担、撑铁安装，变压器吊装，固定，配线，接线，接地。8. 高压跌落式，避雷安装，低压避雷安装等。9. 控制箱安装：开箱、检查、安装接线地。10. 变压器安装：开箱检查、本体就位、器身检查，套管、油枕及热器的清洗、油柱试验风扇，油泵，电机解体检查，接线，附件安装。11. 开关箱，绝缘线安装。12. 接地极试验。13. 配电系统调试等。

单位：台

指标编号				9F-003	
项目			单位	杆上变压器容量在 315kV·A 以下三相 H 台安装	占指标基价（%）
指标基价			元	83916	100.00
一、建筑安装工程费			元	83916	100.00
二、设备购置费			元	—	—
建筑安装工程费					
直接费	人工费	人工	工日	49	—
		措施费分摊	元	213	—
		人工费小计	元	1886	2.25
	材料费	变压器 三相	台	1.01	—
		变压器台架	套	1.01	—
		低压刀闸 三相	组	3.03	—
		跌落式	组	3.06	—
		架空电缆	1000m	0.06	—
		控制配电箱 三相	台	1.01	—
		混凝土电杆 11m	根	2.02	—
		其他材料费	元	4395	—
		措施费分摊	元	2321	—
		材料费小计	元	65593	78.16
	机械费	吊车	台班	3.00	—
		交流弧焊机	台班	1.00	—
		载重汽车	台班	1.00	—
		其他材料费	元	63	—
		措施费分摊	元	133	—
		机械费小计	元	1874	2.23
	直接费小计		元	69352	82.64
综合费用			元	14564	17.36
合计			元	83916	100.00

工程内容： 1. 箱变基础制作；开挖土方卵石底层，钢筋制作，混凝土基础制作，砖基础制作，水泥方砖安装等。2. 箱式变电站安装：开箱检查，本体就位，器身检查，油枕及散气器的清洗，油柱试验，风扇、油泵电机解体检查接线，附件安装。3. 电缆终端头制作。4. 变压器系统调试，母线系统调试，电容系统调试，接地极系统调试，配电系统高度调试等。5. 电缆保护管敷设，电缆线敷设，电缆铺砂盖板等。

单位：座

指标编号				9F-004	
项　　目			单位	箱式变电站容量 315kV·A 安装（2.5m×2.8m×6.0m）	占指标基价（%）
指标基价			元	445891	100.00
一、建筑安装工程费			元	445891	100.00
二、设备购置费			元	—	—
建筑安装工程费					
直接费	人工费	人工	工日	90	—
		措施费分摊	元	1134	—
		人工费小计	元	4192	0.94
	材料费	变压器 三相	台	1.01	—
		低压电缆	100m	1.20	—
		电缆终端头	个	12.00	—
		镀锌钢管	m	13.30	—
		高压电缆	100m	0.35	—
		混凝土保护板	100m	3.60	—
		箱变基础	基	1.01	—
		箱式变电站	座	1.01	—
		其他材料费	元	2452	—
		措施费分摊	元	12331	—
		材料费小计	元	362708	81.34
	机械费	吊车	台班	1.00	—
		交流弧焊机	台班	1.00	—
		载重汽车	台班	1.00	—
		其他材料费	元	158	—
		措施费分摊	元	709	—
		机械费小计	元	1605	0.36
	直接费小计		元	368505	82.64
综合费用			元	77386	17.36
合　　计			元	445891	100.00

2.2 地埋变压器安装

工程内容： 1. 人工挖地埋变压器基础。2. 现浇基础梁，复合木模板，钢支撑。3. 现浇混凝土基础垫层。4. 石墨接地极安装。5. 现浇混凝土基础。6. 铸铁井盖、井座安装。7. 预制混凝土大型屋面板。8. 现浇构件圆钢筋 $\phi12$。9. 爬梯、预埋件制作。10. 地埋式变压器安装。11. 10kV 电缆敷设。12. 高、低压开关柜安装。13. 10kV 冷缩电缆中间头制作及安装等。

单位：台

指标编号				9F-005	
项目			单位	地埋变压器安装	占指标基价（%）
指标基价			元	248173	100.00
一、建筑安装工程费			元	248173	100.00
二、设备购置费			元	—	—
建筑安装工程费					
直接费	人工费	人工	工日	485	—
		措施费分摊	元	631	—
		人工费小计	元	17188	6.93
	材料费	地埋式变压器 三相	台	1.01	—
		低压开关柜	台	1.01	—
		电缆终端头	个	2.02	—
		高压电缆	100m	0.60	—
		高压环网柜	台	1.01	—
		石墨接地极	根	6.06	—
		铸铁井盖	套	3.03	—
		其他材料费	元	35348	—
		措施费分摊	元	6863	—
		材料费小计	元	181982	73.33
	机械费	吊车	台班	7.00	—
		交流弧焊机	台班	4.00	—
		载重汽车	台班	6.00	—
		其他机械费	元	328	—
		措施费分摊	元	394	—
		机械费小计	元	5932	2.39
	直接费小计		元	205102	82.64
综合费用			元	43071	17.36
合计			元	248173	100.00

2.3 路灯智能控制安装

工程内容： 1. 安装通信与数据服务器。2. 安装前后台控制计算机。3. 安装工作站。4. 安装打印机。5. 安装不间断电源。6. 安装网络交换机。7. 安装彩色监视器。8. 安装光照度采集系统。9. 安装 GPS 校时系统。10. 安装大屏幕投影系统。11. 安装移动工作站。12. 安装路灯监控系统软件（LA）。13. 安装地理信息系统安装。14. GPS 卫星跟踪定位软件。15. 敷设光缆。16. 安装光缆终端箱。17. 安装四路视频数字光端机。18. 安装视频矩阵器。19. 图像处理微机等。

单位：系统

指标编号				9F-006	
项目			单位	路灯智能控制安装	占指标基价（%）
指标基价			元	3991168	100.00
一、建筑安装工程费			元	3991168	100.00
二、设备购置费			元	—	—
建筑安装工程费					
直接费	人工费	人工	工日	764	—
		措施费分摊	元	10149	—
		人工费小计	元	36227	0.91
	材料费	GPS 卫星跟踪定位软件	套	1.00	—
		不间断电源	组	1.00	—
		大屏幕投影系统	个	2.00	—
		地理信息系统（GIS）	套	1.00	—
		电源点改造	个	10.00	—
		路灯监控终端	个	10.00	—
		通信与数据服务器	台	3.00	—
		其他材料费	元	428451	—
		措施费分摊	元	110372	—
		材料费小计	元	3187423	79.86
	机械费	吊车	台班	11.00	—
		交流弧焊机	台班	18.00	—
		高空作业车	台班	35.00	—
		载重汽车	台班	76.00	—
		其他材料费	元	566	—
		措施费分摊	元	6343	—
		机械费小计	元	74836	1.88
	直接费小计		元	3298486	82.64
综合费用			元	692682	17.36
合　计			元	3991168	100.00

2.4 路灯配电线路安装

工程内容：1. 横担包箍安装：定位、上抱箍、装支架、横担、支撑，装瓷瓶等。2. 导线架设：放线，连接线绑扎等。3. 导线跨越架的搭设、拆除等。

单位：k

指标编号				9F-007	
项目			单位	钢芯铝绞线架设（截面在 $50mm^2$ 以内）	占指标基价（%）
指标基价			元	49856	100.00
一、建筑安装工程费			元	49856	100.00
二、设备购置费			元	—	—
建筑安装工程费					
直接费	人工费	人工	工日	49	—
		措施费分摊	元	127	—
		人工费小计	元	1799	3.61
	材料费	蝶式绝缘子	个	12.36	—
		镀锌M型抱铁	个	29.58	—
		镀锌U型抱箍	套	29.58	—
		钢芯铝绞线	单线km	2.04	—
		铁横担 50m×5m×1.8m	根	29.29	—
		铁拉板	块	16.16	—
		针式绝缘子	个	59.74	—
		其他材料费	元	413	—
		措施费分摊	元	1379	—
		材料费小计	元	37199	74.61
	机械费	吊车	台班	3.00	—
		交流弧焊机	台班	1.00	—
		载重汽车	台班	2.00	—
		其他机械费	元	38	—
		措施费分摊	元	79	—
		机械费小计	元	2205	4.42
	直接费小计		元	41204	82.64
综合费用			元	8653	17.36
合计			元	49856	100.00

工程内容：导线架设：放线，连接，架线，绑扎等。

单位：km

指标编号				9F-008	
项目			单位	每增加1根钢芯铝绞线（截面在 $50mm^2$ 以内）	占指标基价（%）
指标基价			元	22381	100.00
一、建筑安装工程费			元	22381	100.00
二、设备购置费			元	—	—
建筑安装工程费					
直接费	人工费	人工	工日	10	—
		措施费分摊	元	57	—
		人工费小计	元	386	1.73
	材料费	蝶式绝缘子	个	6.18	—
		钢芯铝绞线	单线km	1.02	—
		铁拉板	块	8.08	—
		针式绝缘子	个	29.87	—
		其他材料费	元	129	—
		措施费分摊	元	619	—
		材料费小计	元	16800	75.06
	机械费	吊车	台班	2.00	—
		交流弧焊机	台班	1.00	—
		载重汽车	台班	1.00	—
		措施费分摊	元	36	—
		机械费小计	元	1310	5.85
	直接费小计		元	18496	82.64
综合费用			元	3884	17.36
合计			元	22381	100.00

工程内容： 1. 导线架设：放线，连接，架设，绑扎等。2. 导线跨越：跨越架的搭设、拆除等。

单位：km

指标编号				9F-009	
项目			单位	绝缘铝芯线架设（截面在 $50mm^2$ 以内）	占指标基价（%）
指标基价			元	45509	100.00
一、建筑安装工程费			元	45509	100.00
二、设备购置费			元	—	—
建筑安装工程费					
直接费	人工费	人工	工日	49	—
		措施费分摊	元	116	—
		人工费小计	元	1788	3.93
	材料费	U 型挂环	个	31.31	—
		抱箍	副	29.29	—
		绝缘铝线	单线 km	2.04	—
		螺丝	根	89.89	—
		锚定线夹	个	4.04	—
		钳接管	个	12.12	—
		悬挂线夹	个	25.25	—
		其他材料费	元	152	—
		措施费分摊	元	1259	—
		材料费小计	元	34476	75.76
	机械费	吊车	台班	2.00	—
		交流弧焊机	台班	1.00	—
		载重汽车	台班	1.00	—
		措施费分摊	元	72	—
		机械费小计	元	1347	2.96
	直接费小计		元	37611	82.64
综合费用			元	7898	17.36
合计			元	45509	100.00

工程内容：导线架设包括放线，连接，架线，绑扎等。

单位：km

指标编号				9F-010	
项目			单位	每增加1根绝缘铝芯线（截面在 $50mm^2$ 以内）	占指标基价（%）
指标基价			元	20836	100.00
一、建筑安装工程费			元	20836	100.00
二、设备购置费			元	—	—
建筑安装工程费					
直接费	人工费	人工	工日	10	—
		措施费分摊	元	53	—
		人工费小计	元	382	1.83
	材料费	绝缘铝线	单线km	1.02	—
		钳接管	个	6.06	—
		措施费分摊	元	576	—
		材料费小计	元	15932	76.47
	机械费	吊车	台班	1.00	—
		交流弧焊机	台班	1.00	—
		载重汽车	台班	1.00	—
		措施费分摊	元	33	—
		机械费小计	元	905	4.34
	直接费小计		元	17220	82.65
综合费用			元	3616	17.35
合计			元	20836	100.00

工程内容：1.横担、抱箍安装：定位，上抱箍，装支架，横担，支撑，装瓷瓶等。2.导线架设：放线，连接，架线，绑扎等。3.导线跨越：跨越架的搭设、拆除等。

单位：km

指标编号				9F-011	
项目			单位	裸铜线架设（截面在 $50mm^2$ 以内）	占指标基价（%）
指标基价			元	69166	100.00
一、建筑安装工程费			元	69166	100.00
二、设备购置费			元	—	—
建筑安装工程费					
直接费	人工费	人工	工日	49	—
		措施费分摊	元	176	—
		人工费小计	元	1848	2.67
	材料费	蝶式绝缘子	个	12.36	—
		镀锌 M 型抱铁	个	29.58	—
		镀锌 U 型抱箍	套	29.58	—
		铁横担 50m×5m×1.8m	根	29.29	—
		铁拉板	块	16.16	—
		铜绞线	单线 km	2.04	—
		针式绝缘子	个	59.74	—
		支持铁板	套	29.29	—
		其他材料费	元	449	—
		措施费分摊	元	1913	—
		材料费小计	元	53527	77.39
	机械费	吊车	台班	3.00	—
		交流弧焊机	台班	1.00	—
		载重汽车	台班	1.00	—
		措施费分摊	元	110	—
		机械费小计	元	1787	2.58
	直接费小计		元	57162	82.64
综合费用			元	12004	17.36
合计			元	69166	100.00

工程内容：导线架设包括放线，连接，架线，绑扎等。

单位：km

指标编号				9F-012	
项目			单位	每增加1根裸铜线（截面在 $50mm^2$ 以内）	占指标基价（%）
指标基价			元	31268	100.00
一、建筑安装工程费			元	31268	100.00
二、设备购置费			元	—	—
建筑安装工程费					
直接费	人工费	人工	工日	10	—
		措施费分摊	元	80	—
		人工费小计	元	409	1.31
	材料费	蝶式绝缘子	个	6.18	—
		铁拉板	块	8.08	—
		铜绞线	单线km	1.02	—
		针式绝缘子	个	29.87	—
		其他材料费	元	128	—
		措施费分摊	元	865	—
		材料费小计	元	24511	78.39
	机械费	吊车	台班	1.00	—
		交流弧焊机	台班	1.00	—
		载重汽车	台班	1.00	—
		措施费分摊	元	50	—
		机械费小计	元	922	2.95
	直接费小计		元	25842	82.64
综合费用			元	5427	17.36
合计			元	31268	100.00

工程内容： 1. 导线架设：放线，连接，架线，绑扎等。2. 导线跨越：跨越架的搭设、拆除等。

单位：km

指 标 编 号				9F-013	
项 目			单位	绝缘铜线架设（截面在 $50mm^2$ 以内）	占指标基价（%）
指 标 基 价			元	63771	100.00
一、建筑安装工程费			元	63771	100.00
二、设备购置费			元	—	—
建筑安装工程费					
直接费	人工费	人工	工日	39	—
		措施费分摊	元	162	—
		人工费小计	元	1488	2.33
	材料费	U 型挂环	个	31.31	—
		抱箍	副	29.29	—
		绝缘铜线	单线 km	2.04	—
		螺丝	根	89.89	—
		锚定线夹	个	4.04	—
		悬挂线夹	个	25.25	—
		其他材料费	元	172	—
		措施费分摊	元	1764	—
		材料费小计	元	49840	78.15
	机械费	吊车	台班	2.00	—
		交流弧焊机	台班	1.00	—
		载重汽车	台班	1.00	—
		措施费分摊	元	101	—
		机械费小计	元	1376	2.16
	直接费小计		元	52703	82.64
综合费用			元	11068	17.36
合 计			元	63771	100.00

工程内容：1. 导线架设：放线，连接，架线，绑扎等。2. 导线跨越：跨越架的搭设、拆除等。

单位：km

指标编号				9F-014	
项目			单位	每增加1根绝缘铜线（截面在 $50mm^2$ 以内）	占指标基价（%）
指标基价			元	30185	100.00
一、建筑安装工程费			元	30185	100.00
二、设备购置费			元	—	—
建筑安装工程费					
直接费	人工费	人工	工日	10	—
		措施费分摊	元	77	—
		人工费小计	元	406	1.34
	材料费	绝缘铜线	单线km	1.02	—
		钳接管	个	6.06	—
		其他材料费	元	6	—
		措施费分摊	元	835	—
		材料费小计	元	23621	78.25
	机械费	吊车	台班	1.00	—
		交流弧焊机	台班	1.00	—
		载重汽车	台班	1.00	—
		措施费分摊	元	48	—
		机械费小计	元	920	3.05
	直接费小计		元	24946	82.64
综合费用			元	5239	17.36
合计			元	30185	100.00

工程内容： 1. 电缆沟铺砂、盖板：调整电缆间距，铺砂、盖保护板，埋设标桩，揭盖盖板等。2. 钢保护管敷设：沟底夯实，锯管，接口，敷设，刷漆，堵管口等。3. 接地极制作及安装：下料尖端加工、油漆、焊接并入地下。4. 接地极试验等。

单位：100m

指标编号				9F-015	
项目			单位	电缆保护管敷设（钢管公称口径 100mm 以内）	占指标基价（%）
指标基价			元	16413	100.00
一、建筑安装工程费			元	16413	100.00
二、设备购置费			元	—	—
建筑安装工程费					
直接费	人工费	人工	工日	130	—
		措施费分摊	元	42	—
		人工费小计	元	4479	27.29
	材料费	镀锌钢管	m	103.00	—
		接地板	根	1.04	—
		中砂	m^3	9.72	—
		混凝土保护板	100 块	3.74	—
		其他材料费	元	34	—
		措施费分摊	元	454	—
		材料费小计	元	8165	49.74
	机械费	吊车	台班	1.00	—
		交流弧焊机	台班	1.00	—
		载重汽车	台班	1.00	—
		其他机械费	元	23	—
		措施费分摊	元	26	—
		机械费小计	元	921	5.61
	直接费小计		元	13565	82.64
综合费用			元	2849	17.36
合计			元	16413	100.00

工程内容： 1. 电缆沟铺砂、盖板：调整电缆间距、铺砂、盖保护板，埋设标桩，揭盖盖板等。2. 钢保护管敷设：沟底夯实、锯管、接口、敷设、刷漆、堵管口等。3. 接地极制作安装：下料尖端加工、油漆、焊接并入地下。4. 接地极试验等。

单位：100m

指标编号				9F-016	
项目			单位	电缆保护管敷设（每增加1根钢管100mm以内）	占指标基价（%）
指标基价			元	13547	100.00
一、建筑安装工程费			元	13547	100.00
二、设备购置费			元	—	—
建筑安装工程费					
直接费	人工费	人工	工日	63	—
		措施费分摊	元	34	—
		人工费小计	元	2184	16.13
	材料费	钢管	m	103.00	—
		接地板	根	1.04	—
		中砂	m^3	9.72	—
		混凝土保护板	100块	3.74	—
		其他材料费	元	34	—
		措施费分摊	元	375	—
		材料费小计	元	8085	59.68
	机械费	吊车	台班	1.00	—
		交流弧焊机	台班	1.00	—
		载重汽车	台班	1.00	—
		其他机械费	元	32	—
		措施费分摊	元	22	—
		机械费小计	元	926	6.83
	直接费小计		元	11196	82.64
综合费用			元	2351	17.36
合　计			元	13547	100.00

工程内容：1. 人工开挖沥青路面、多合土、底层路面等。2. 挖方，沟槽清理，填方等。3. 多孔水泥管敷设：沟底夯实，敷设，堵管口等。

单位：100m

指标编号				9F-017	
项目			单位	电缆保护管敷设（水泥六孔水泥管）	占指标基价（%）
指标基价			元	12503	100.00
一、建筑安装工程费			元	12503	100.00
二、设备购置费			元	—	—
建筑安装工程费					
直接费	人工费	人工	工日	108	—
		措施费分摊	元	32	—
		人工费小计	元	3718	29.74
	材料费	多孔水泥管	m	100.30	—
		中砂	m^3	9.72	—
		其他材料费	元	34	—
		措施费分摊	元	346	—
		材料费小计	元	5723	45.77
	机械费	吊车	台班	1.00	—
		交流弧焊机	台班	1.00	—
		载重汽车	台班	1.00	—
		措施费分摊	元	20	—
		机械费小计	元	892	7.13
	直接费小计		元	10333	82.64
综合费用			元	2170	17.36
合　计			元	12503	100.00

工程内容：1. 人工开挖砂石路面：划线定位，开凿路面，分类堆置在沟边不影响施工的适当地点等。2. 挖方，沟槽清理，填方等。3. 电缆沟铺砂、盖板：调整电缆间距，铺砂、盖保护板，埋设标桩，揭盖盖板等。4. 塑料保护管敷设：沟底夯实，锯管，接口，敷设，堵管口等。

单位：100m

指标编号				9F-018	
项目			单位	电缆保护管敷设（塑料管公称口径在 70mm 以内）	占指标基价（%）
指标基价			元	10643	100.00
一、建筑安装工程费			元	10643	100.00
二、设备购置费			元	—	—
建筑安装工程费					
直接费	人工费	人工	工日	85	—
		措施费分摊	元	27	—
		人工费小计	元	2913	27.37
	材料费	中砂	m^3	9.72	—
		塑料管	m	107.36	—
		混凝土保护板	100 块	3.74	—
		措施费分摊	元	294	—
		材料费小计	元	4975	46.75
	机械费	吊车	台班	1.00	—
		交流弧焊机	台班	1.00	—
		载重汽车	台班	1.00	—
		其他机械费	元	18	—
		措施费分摊	元	17	—
		机械费小计	元	907	8.53
	直接费小计		元	8796	82.64
综合费用			元	1847	17.36
合　计			元	10643	100.00

工程内容： 1. 电缆沟铺砂、盖板；调整电缆间距，铺砂、盖保护板，埋设标桩，揭盖盖板等。2. 塑料保护管敷设：沟底夯实，锯管，接口，敷设，堵管口管。

单位：100

指标编号				9F-019	
项目			单位	电缆保护管敷设（每增加1根塑料管在70mm以内）	占指标基价（%）
指标基价			元	7793	100.00
一、建筑安装工程费			元	7793	100.00
二、设备购置费			元	—	—
建筑安装工程费					
直接费	人工费	人工	工日	19	—
		措施费分摊	元	20	—
		人工费小计	元	660	8.47
	材料费	中砂	m^3	9.72	—
		塑料管	m	107.36	—
		混凝土保护板	100块	3.74	—
		措施费分摊	元	216	—
		材料费小计	元	4896	62.83
	机械费	吊车	台班	1.00	—
		交流弧焊机	台班	1.00	—
		载重汽车	台班	1.00	—
		措施费分摊	元	12	—
		机械费小计	元	884	11.35
	直接费小计		元	6441	82.64
综合费用			元	1353	17.36
合计			元	7793	100.00

工程内容：1. 人工开挖砂石路面：划线定位，开凿路面，分类堆置在沟边不影响施工的适当地点等。2. 挖方，沟槽清理，填方等。3. 电缆沟铺砂、盖板：调整电缆间距、铺砂、盖保护板、埋设标桩、揭盖盖板等。4. 塑料保护管敷设：沟底夯实，锯管，接口，敷设，堵管口等。

单位：100m

指标编号				9F-020	
项目			单位	电缆保护管敷设（塑料管公称口径在100mm以内）	占指标基价（%）
指标基价			元	13935	100.00
一、建筑安装工程费			元	13935	100.00
二、设备购置费			元	—	—
建筑安装工程费					
直接费	人工费	人工	工日	84	—
		措施费分摊	元	35	—
		人工费小计	元	2922	20.97
	材料费	中砂	m^3	9.72	—
		塑料管	m	119.18	—
		混凝土保护板	100块	3.74	—
		措施费分摊	元	385	—
		材料费小计	元	7662	54.99
	机械费	吊车	台班	1.00	—
		交流弧焊机	台班	1.00	—
		载重汽车	台班	1.00	—
		其他机械费	元	39	—
		措施费分摊	元	22	—
		机械费小计	元	933	6.69
	直接费小计		元	11517	82.64
综合费用			元	2419	17.36
合计			元	13935	100.00

工程内容：1. 电缆沟铺砂、盖板；调整电缆间距，铺砂，盖保护板，埋设标桩，揭盖盖板等。2. 塑料保护管敷设：沟底夯实，锯管，接口，敷设，堵管口管。

单位：100m

指 标 编 号				9F-021	
项　　目			单位	电缆保护管敷设（每增加 1 根塑料管在 100mm 以内）	占指标基价（%）
指 标 基 价			元	11060	100.00
一、建筑安装工程费			元	11060	100.00
二、设备购置费			元	—	—
建筑安装工程费					
直接费	人工费	人工	工日	19	—
		措施费分摊	元	28	—
		人工费小计	元	668	6.04
	材料费	混凝土保护板	100m	3.74	—
		中砂	m^3	9.72	—
		塑料管	m	119.18	—
		措施费分摊	元	306	—
		材料费小计	元	7583	68.56
	机械费	吊车	台班	1.00	—
		交流弧焊机	台班	1.00	—
		载重汽车	台班	1.00	—
		措施费分摊	元	18	—
		机械费小计	元	880	8.04
	直接费小计		元	9141	82.64
综合费用			元	1920	17.36
合　　计			元	11060	100.00

工程内容：1. 电缆井挖方，沟槽清理，填方等。2. 电缆井制作：清理基础，夯实，调制砂浆，砌筑抹面，电缆井盖、井圈安装等。3. 管内穿铁线。4. 电缆敷设：开箱检查，敷设，锯断，固定，配合试验，临时封头，持挂牌。5. 电缆中间头制作：定位、量尺寸，锯断，压连接管，包缠绝缘层，焊接地线，封铅管，配料浇注，安装固定。

单位：100m

指标编号				9F-022	
项目			单位	地埋电缆敷设（VLV2×50mm^{2}以内）	占指标基价（%）
指标基价			元	9021	100.00
一、建筑安装工程费			元	9021	100.00
二、设备购置费			元	—	—
建筑安装工程费					
直接费	人工费	人工	工日	29	—
		措施费分摊	元	23	—
		人工费小计	元	998	11.06
	材料费	电缆井	个	3.03	—
		电缆铝线	m	121.00	—
		电缆中间头	个	4.00	—
		标准砖	千块	1.89	—
		中砂	m^3	0.99	—
		水泥	t	0.24	—
		其他材料费	元	156	—
		措施费分摊	元	249	—
		材料费小计	元	5541	61.42
	机械费	吊车	台班	1.00	—
		交流弧焊机	台班	1.00	—
		载重汽车	台班	1.00	—
		其他机械费	元	30	—
		措施费分摊	元	14	—
		机械费小计	元	917	10.16
	直接费小计		元	7455	82.64
综合费用			元	1566	17.36
合计			元	9021	100.00

工程内容： 1. 管内穿铁线。2. 电缆敷设：开箱检查，敷设，锯断，固定，配合试验，临时封头，持挂牌。3. 电缆中间头制作定位，量尺寸，锯断，压连接管，包缠绝缘层，焊接地线，封铅管，配料浇注，安装固定。

单位：100m

指标编号				9F-023	
项目			单位	地埋电缆敷设（每增加1根VLV2×50mm²以内）	占指标基价(%)
指标基价			元	4569	100.00
一、建筑安装工程费			元	4569	100.00
二、设备购置费			元	—	—
建筑安装工程费					
直接费	人工费	人工	工日	15	—
		措施费分摊	元	12	—
		人工费小计	元	536	11.73
	材料费	电缆中间头	个	4.00	—
		电缆铝线	m	121.00	—
		其他材料费	元	104	—
		措施费分摊	元	126	—
		材料费小计	元	2361	51.67
	材料费	吊车	台班	1.00	—
		交流弧焊机	台班	1.00	—
		载重汽车	台班	1.00	—
		措施费分摊	元	7	—
		机械费小计	元	879	19.25
	直接费小计		元	3776	82.64
综合费用			元	793	17.36
合计			元	4569	100.00

工程内容： 1. 电缆井挖方，沟槽清理，填方等。2. 电缆井制作：清理基础，夯实，调制砂浆，砌筑抹面，电缆井盖、井圈安装等。3. 管内穿铁线。4. 电缆敷设：开箱检查，敷设，锯断，固定，配合试验，临时封头，持挂牌。5. 电缆中间头制作：定位，量尺寸，锯断，压连接管，包缠绝缘层，焊接地线，封铅管，配料浇注，安装固定。

单位：100m

指标编号				9F-024	
项目			单位	地理电缆敷设（VLV4×50mm² 以内）	占指标基价（%）
指标基价			元	12408	100.00
一、建筑安装工程费			元	12408	100.00
二、设备购置费			元	—	—
建筑安装工程费					
直接费	人工费	人工	工日	45	—
		措施费分摊	元	32	—
		人工费小计	元	1560	12.58
	材料费	电缆井	个	3.03	—
		电缆铝线	m	121.00	—
		电缆中间头	个	8.00	—
		标准砖	千块	1.89	—
		中砂	m^3	0.99	—
		水泥	t	0.24	—
		其他材料费	元	154	—
		措施费分摊	元	343	—
		材料费小计	元	7764	62.57
	机械费	吊车	台班	1.00	—
		交流弧焊机	台班	1.00	—
		载重汽车	台班	1.00	—
		其他机械费	元	39	—
		措施费分摊	元	20	—
		机械费小计	元	931	7.50
	直接费小计		元	10255	82.64
综合费用			元	2153	17.36
合计			元	12408	100.00

工程内容： 1. 管内穿铁线。2. 电缆敷设：开箱检查，敷设，锯断，固定，配合试验，临时封头，持挂牌。3. 电缆中间头制作定位，量尺寸，锯断，压连接管，包缠绝缘层，焊接地线，封铅管，配料浇注，安装固定。

单位：100m

指标编号				9F-025	
项目			单位	地埋电缆敷设（每增加1根VLV4×50mm^{2}以内）	占指标基价（%）
指标基价			元	7947	100.00
一、建筑安装工程费			元	7947	100.00
二、设备购置费			元	—	—
建筑安装工程费					
直接费	人工费	人工	工日	32	—
		措施费分摊	元	20	—
		人工费小计	元	1098	13.82
	材料费	电缆铝线	m	121.00	—
		电缆中间头	个	8.00	—
		其他材料费	元	104	—
		措施费分摊	元	220	—
		材料费小计	元	4585	57.69
	机械费	吊车	台班	1.00	—
		交流弧焊机	台班	1.00	—
		载重汽车	台班	1.00	—
		措施费分摊	元	13	—
		机械费小计	元	885	11.13
	直接费小计		元	6568	82.64
综合费用			元	1379	17.36
合计			元	7947	100.00

工程内容： 1. 电缆井挖方，沟槽清理，填方等。2. 电缆井制作：清理基础，夯实，调制砂浆，砌筑抹面，电缆井盖、井圈安装等。3. 管内穿铁线。4. 电缆敷设：开箱检查，敷设，锯断，固定，配合试验，临时封头，持挂牌。5. 电缆中间头制作：定位，量尺寸，锯断，压连接管，包缠绝缘层，焊接地线，封铅管，配料浇注，安装固定。

单位：100m

指标编号				9F-026	
项目			单位	地埋电缆敷设（VV2×50mm^{2}以内）	占指标基价（%）
指标基价			元	11715	100.00
一、建筑安装工程费			元	11715	100.00
二、设备购置费			元	—	—
建筑安装工程费					
直接费	人工费	人工	工日	29	—
		措施费分摊	元	30	—
		人工费小计	元	1005	8.58
	材料费	电缆铜线	m	121.00	—
		电缆井	个	3.03	—
		电缆中间头	个	8.00	—
		标准砖	千块	1.89	—
		中砂	m^3	0.99	—
		水泥	t	0.24	—
		其他材料费	元	105	—
		措施费分摊	元	324	—
		材料费小计	元	7743	66.09
	机械费	吊车	台班	1.00	—
		交流弧焊机	台班	1.00	—
		载重汽车	台班	1.00	—
		其他机械费	元	43	—
		措施费分摊	元	19	—
		机械费小计	元	934	7.97
	直接费小计		元	9682	82.64
综合费用			元	2033	17.36
合计			元	11715	100.00

工程内容： 1. 管内穿铁线。2. 电缆敷设：开箱检查、敷设，锯断，固定，配合试验，临时封头，持挂牌。3. 电缆中间头制作定位，量尺寸，锯断，压连接管，包缠绝缘层，焊接地线，封铅管，配料浇注，安装固定。

单位：100m

指标编号				9F-027	
项目			单位	地埋电缆敷设（每增加 1 根 VV2×50mm^2 以内）	占指标基价（%）
指标基价			元	9064	100.00
一、建筑安装工程费			元	9064	100.00
二、设备购置费			元	—	—
建筑安装工程费					
直接费	人工费	人工	工日	15	—
		措施费分摊	元	23	—
		人工费小计	元	547	6.04
	材料费	电缆中间头	个	4.00	—
		电缆铜线	m	121.00	—
		其他材料费	元	104	—
		措施费分摊	元	251	—
		材料费小计	元	6057	66.83
	机械费	吊车	台班	1.00	—
		交流弧焊机	台班	1.00	—
		载重汽车	台班	1.00	—
		措施费分摊	元	14	—
		机械费小计	元	886	9.78
	直接费小计		元	7491	82.64
综合费用			元	1573	17.36
合　计			元	9064	100.00

工程内容： 1. 电缆井挖方，沟槽清理，填方等。2. 电缆井制作：清理基础，夯实，调制砂浆，砌筑抹面，电缆井盖、井圈安装等。3. 管内穿铁线。4. 电缆敷设：开箱检查，敷设，锯断，固定，配合试验，临时封头，持挂牌。5. 电缆中间头制作：定位，量尺寸，锯断，压连接管，包缠绝缘层，焊接地线，封铅管，配料浇注，安装固定。

单位：100m

指标编号				9F-028	
项目			单位	地埋电缆敷设（VV4×50mm^2 以内）	占指标基价(%)
指标基价			元	30687	100.00
一、建筑安装工程费			元	30687	100.00
二、设备购置费			元	—	—
建筑安装工程费					
直接费	人工费	人工	工日	45	—
		措施费分摊	元	78	—
		人工费小计	元	1607	5.24
	材料费	电缆井	个	3.03	—
		电缆铜线	m	121.00	—
		电缆中间头	个	8.00	—
		标准砖	千块	1.89	—
		中砂	m^3	0.99	—
		水泥	t	0.24	—
		其他材料费	元	152	—
		措施费分摊	元	849	—
		材料费小计	元	22787	74.26
	机械费	吊车	台班	1.00	—
		交流弧焊机	台班	1.00	—
		载重汽车	台班	1.00	—
		其他机械费	元	49	—
		措施费分摊	元	49	—
		机械费小计	元	968	3.15
	直接费小计		元	25362	82.64
综合费用			元	5326	17.36
合计			元	30688	100.00

工程内容： 1. 管内穿铁线。2. 电缆敷设：开箱检查，敷设，锯断，固定，配合试验，临时封头，持挂牌。3. 电缆中间头制作定位，量尺寸，锯断，压连接管，包缠绝缘层，焊接地线，封铅管，配料浇注，安装固定。

单位：100m

指标编号				9F-029	
项目			单位	地埋电缆敷设（每增加1根 $VV4\times50mm^2$ 以内）	占指标基价(%)
指标基价			元	16937	100.00
一、建筑安装工程费			元	16937	100.00
二、设备购置费			元	—	—
建筑安装工程费					
直接费	人工费	人工	工日	32	—
		措施费分摊	元	43	—
		人工费小计	元	1121	6.62
	材料费	电缆中间头	个	8.00	—
		电缆铜线	m	121.00	—
		其他材料费	元	104	—
		措施费分摊	元	468	—
		材料费小计	元	11977	70.72
	机械费	吊车	台班	1.00	—
		交流弧焊机	台班	1.00	—
		载重汽车	台班	1.00	—
		措施费分摊	元	27	—
		机械费小计	元	899	5.31
	直接费小计		元	13997	82.64
综合费用			元	2939	17.36
合计			元	16937	100.00

2.5 混凝土电杆组立线路安装

工程内容：1. 挖电杆坑：挖方，填方，修整，操平。2. 底卡盘安装：杆坑修整，底卡盘安装等。3. 电杆组立：立杆，找正，填土夯实。4. 杆坑回填：填土，原土夯实，场地平整等。5. 电杆编号：定位，去尘，杆上刷漆，编号，量高度，粘号牌。

单位：根

指标编号				9F-030	
项目			单位	混凝土电杆组立（10m以内）	占指标基价(%)
指标基价			元	2612	100.00
一、建筑安装工程费			元	2612	100.00
二、设备购置费			元	—	—
建筑安装工程费					
直接费	人工费	人工	工日	8	—
		措施费分摊	元	7	—
		人工费小计	元	274	10.49
	材料费	混凝土电杆 11m	根	1.01	—
		抱箍 D300	个	1.02	—
		底盘	个	1.01	—
		卡盘	个	1.01	—
		路灯编号	个	1.01	—
		其他材料费	元	4	—
		措施费分摊	元	72	—
		材料费小计	元	1009	38.61
	机械费	吊车	台班	1.00	—
		交流弧焊机	台班	1.00	—
		载重汽车	台班	1.00	—
		措施费分摊	元	4	—
		机械费小计	元	876	33.55
	直接费小计		元	2159	82.64
综合费用			元	453	17.36
合　计			元	2612	100.00

工程内容： 1. 挖电杆坑：挖方，填方，修整，操平。2. 底卡盘安装：杆坑修整，底卡盘安装等。3. 电杆组立：立杆，找正，填土夯实。4. 杆坑回填：填土，原土夯实，场地平整等。5. 电杆编号：定位，去尘，杆上刷漆，编号，量高度，粘号牌。

单位：根

指标编号				9F-031	
项目			单位	混凝土电杆组立（15m 以内）	占指标基价（%）
指标基价			元	4951	100.00
一、建筑安装工程费			元	4951	100.00
二、设备购置费			元	—	—
建筑安装工程费					
直接费	人工费	人工	工日	9	—
		措施费分摊	元	13	—
		人工费小计	元	335	6.77
	材料费	混凝土电杆 15m	根	1.01	—
		抱箍 D300	个	1.02	—
		底盘	个	1.01	—
		卡盘	个	1.01	—
		路灯编号	个	1.00	—
		其他材料费	元	4	—
		措施费分摊	元	137	—
		材料费小计	元	2474	49.97
	机械费	吊车	台班	2.00	—
		交流弧焊机	台班	1.00	—
		载重汽车	台班	1.00	—
		措施费分摊	元	8	—
		机械费小计	元	1282	25.90
	直接费小计		元	4091	82.64
综合费用			元	859	17.36
合　计			元	4951	100.00

2.6 铁电杆组立线路安装

工程内容： 1. 挖电杆坑：挖方，填方，修整，操平。2. 混凝土搅拌，浇捣，养护等全部操作过程等。3. 电杆组立：立杆，找正，填土夯实等。4. 接地极制作及安装：下料尖端加工、油漆、焊接并入地下。5. 接地极试验等。6. 杆坑回填：填土，原土夯实，场地平整等。7. 电杆编号：定位，去尘，杆上刷漆，编号，量高度，粘号牌。

单位：根

指 标 编 号				9F-032	
项　　目			单位	铁电杆组立（10m 以内）	占指标基价（%）
指 标 基 价			元	7097	100.00
一、建筑安装工程费			元	7097	100.00
二、设备购置费			元	—	—
建筑安装工程费					
直接费	人工费	人工	工日	11	—
		措施费分摊	元	18	—
		人工费小计	元	386	5.43
	材料费	路灯基础 1.7m	根	1.01	—
		接地极	根	1.04	—
		路灯编号	个	1.00	—
		铁电杆 11m	根	1.01	—
		其他材料费	元	164	—
		措施费分摊	元	196	—
		材料费小计	元	4193	59.09
	机械费	吊车	台班	2.00	—
		交流弧焊机	台班	1.00	—
		载重汽车	台班	1.00	—
		措施费分摊	元	11	—
		机械费小计	元	1286	18.12
	直接费小计		元	5865	82.64
综合费用			元	1232	17.36
合　　计			元	7097	100.00

工程内容： 1. 挖电杆坑：挖方，填方，修整，操平。2. 混凝土搅拌，浇捣，养护等全部操作过程等。3. 电杆组立：立杆，找正，填土夯实等。4. 接地极制作及安装：下料尖端加工、油漆、焊接并入地下。5. 接地极试验等。6. 杆坑回填：填土原土夯实，场地平整等。7. 电杆编号：定位，去尘，杆上刷漆，编号，量高度，粘号牌。

单位：根

指 标 编 号				9F-033	
项　目			单位	铁电杆组立（18m 以内）	占指标基价（%）
指 标 基 价			元	10832	100.00
一、建筑安装工程费			元	10832	100.00
二、设备购置费			元	—	—
建筑安装工程费					
直接费	人工费	人工	工日	16	—
		措施费分摊	元	28	—
		人工费小计	元	584	5.39
	材料费	铁电杆 15m	根	1.01	—
		接地极	根	1.04	—
		路灯编号	个	1.00	—
		路灯基础 1.7m	个	1.01	—
		其他材料费	元	363	—
		措施费分摊	元	300	—
		材料费小计	元	7077	65.33
	机械费	吊车	台班	2.00	—
		交流弧焊机	台班	1.00	—
		载重汽车	台班	1.00	—
		措施费分摊	元	17	—
		机械费小计	元	1292	11.93
	直接费小计		元	8952	82.64
综合费用			元	1880	17.36
合　计			元	10832	100.00

工程内容：1. 挖电杆坑：挖方，填方，修整，操平。2. 支木挡土板：挡土板制作、安装及拆除。3. 基础混凝土基础制作：混凝土搅拌，浇捣，养护等全部操作过程等。4. 电杆组立：立杆，找正，填土夯实等。5. 接地极制作及安装：下料尖端加工、油漆、焊接并入地下。6. 接地极试验等。7. 杆坑回填：填土，原土夯实，场地平整等。8. 电杆编号：定位，去尘，杆上刷漆，编号，量高度，粘号牌。

单位：基

指标编号				9F-034	
项目			单位	铁电杆组立（30m 以内）	占指标基价（%）
指标基价			元	103393	100.00
一、建筑安装工程费			元	103393	100.00
二、设备购置费			元	—	—
建筑安装工程费					
直接费	人工费	人工	工日	471	—
		措施费分摊	元	263	—
		人工费小计	元	16350	15.81
	材料费	高杆灯灯柱	基	1.01	—
		高杆灯基础	个	1.01	—
		接地母线	10m	8.20	—
		路灯编号	个	1.00	—
		其他材料费	元	5312	—
		措施费分摊	元	2859	—
		材料费小计	元	63307	61.23
		吊车	台班	5.00	—
		交流弧焊机	台班	1.00	—
		高空作业车	台班	3.00	—
		载重汽车	台班	2.00	—
		其他机械费	元	62	—
		措施费分摊	元	163	—
		机械费小计	元	5792	5.60
	直接费小计		元	85449	82.64
综合费用			元	17944	17.36
合计			元	103393	100.00

2.7 单臂悬挑路灯线路安装

工程内容：1. 单臂悬挑灯架安装：定位，灯架安装，配线，接线等。2. 镇流器，触发器，熔断器，电容器，灯泡安装等。

单位：套

指标编号				9F-035	
项目			单位	单臂悬挑路灯安装（臂长5m以下）	占指标基价(%)
指标基价			元	3855	100.00
一、建筑安装工程费			元	3855	100.00
二、设备购置费			元	—	—
建筑安装工程费					
直接费	人工费	人工	工日	2	—
		措施费分摊	元	10	—
		人工费小计	元	89	2.30
	材料费	触发器	个	1.02	—
		单臂悬挑灯架	套	1.01	—
		电缆引线卡	个	2.04	—
		电容器	个	1.02	—
		路灯灯具	盏	1.01	—
		钠灯泡 250W	只	1.02	—
		钠镇流器	个	1.01	—
		熔断器	个	1.01	—
		镇流器挂板	个	1.01	—
		其他材料费	元	62	—
		措施费分摊	元	107	—
		材料费小计	元	1328	34.46
	机械费	吊车	台班	1.00	—
		交流弧焊机	台班	1.00	—
		高空作业车	台班	1.00	—
		载重汽车	台班	1.00	—
		措施费分摊	元	6	—
		机械费小计	元	1769	45.89
	直接费小计		元	3186	82.64
综合费用			元	669	17.36
合计			元	3855	100.00

2.8 双臂悬挑路灯线路安装

工程内容： 1. 双臂悬挑灯架安装：定位，灯架安装，配线，接线等。2. 镇流器，触发器，熔断器，电容器，灯泡安装等。

单位：套

指标编号				9F-036	
项目			单位	双臂悬挑路灯安装（臂长5m以下）	占指标基价（%）
指标基价			元	5391	100.00
一、建筑安装工程费			元	5391	100.00
二、设备购置费			元	—	—
建筑安装工程费					
直接费	人工费	人工	工日	4	—
		措施费分摊	元	14	—
		人工费小计	元	165	3.05
	材料费	触发器	个	2.04	—
		单臂悬挑灯架	套	2.02	—
		电缆引线卡	个	4.08	—
		电容器	个	2.04	—
		路灯灯具	盏	2.02	—
		钠灯泡 250W	只	2.04	—
		钠镇流器	个	2.02	—
		熔断器	个	2.02	—
		双挂板	个	1.01	—
		其他材料费	元	49	—
		措施费分摊	元	149	—
		材料费小计	元	2519	46.73
	机械费	吊车	台班	1.00	—
		交流弧焊机	台班	1.00	—
		高空作业车	台班	1.00	—
		载重汽车	台班	1.00	—
		措施费分摊	元	9	—
		机械费小计	元	1772	32.86
	直接费小计		元	4455	82.64
综合费用			元	936	17.36
合计			元	5391	100.00

2.9 顶套式单臂悬挑路灯配电线路安装

工程内容： 1. 顶套式单臂悬挑灯架安装：定位，灯架安装，配线，接线等。2. 镇流器，触发器，熔断器，电容器，灯泡安装等。

单位：套

指标编号				9F-037	
项目			单位	顶套式单臂悬挑路灯安装（臂长 5m 以下）	占指标基价（%）
指标基价			元	3988	100.00
一、建筑安装工程费			元	3988	100.00
二、设备购置费			元	—	—
建筑安装工程费					
直接费	人工费	人工	工日	3	—
		措施费分摊	元	10	—
		人工费小计	元	93	2.32
	材料费	触发器	个	1.02	—
		单臂悬挑灯架	套	1.01	—
		电缆引线卡	个	2.04	—
		电容器	个	1.02	—
		顶套	套	1.01	—
		路灯灯具	盏	1.01	—
		钠灯泡 250W	只	1.02	—
		钠镇流器	个	1.01	—
		熔断器	个	1.01	—
		镇流器挂板	个	1.01	—
		其他材料费	元	38	—
		措施费分摊	元	110	—
		材料费小计	元	1434	35.96
	机械费	吊车	台班	1.00	—
		交流弧焊机	台班	1.00	—
		高空作业车	台班	1.00	—
		载重汽车	台班	1.00	—
		措施费分摊	元	6	
		机械费小计	元	1769	44.36
	直接费小计		元	3296	82.64
综合费用			元	692	17.36
合计			元	3988	100.00

工程内容： 1. 顶套式单臂悬挑灯架安装：定位，灯架安装，配线，接线等。2. 镇流器，触发器，熔断器，电容器，灯泡安装等。

单位：套

指标编号				9F-038	
项目			单位	顶套式双臂悬挑路灯安装（臂长 5m 以下）	占指标基价(%)
指标基价			元	5867	100.00
一、建筑安装工程费			元	5867	100.00
二、设备购置费			元	—	—
建筑安装工程费					
直接费	人工费	人工	工日	5	—
		措施费分摊	元	15	—
		人工费小计	元	197	3.35
	材料费	触发器	个	2.04	—
		电容器	个	2.04	—
		顶套	套	2.02	—
		路灯灯具	盏	2.02	—
		钠灯泡 250W	只	2.04	—
		钠镇流器	个	2.02	—
		熔断器	个	2.02	—
		双臂悬挑灯架	套	2.02	—
		双挂板	个	1.01	—
		其他材料费	元	46	—
		措施费分摊	元	162	—
		材料费小计	元	2880	49.08
	机械费	吊车	台班	1.00	—
		交流弧焊机	台班	1.00	—
		高空作业车	台班	1.00	—
		载重汽车	台班	1.00	—
		措施费分摊	元	9	—
		机械费小计	元	1772	30.21
	直接费小计		元	4849	82.64
综合费用			元	1018	17.36
合计			元	5867	100.00

2.10 铁杆路灯配电线路安装

工程内容： 1. 组装灯架安装：配件检查、定位、组装，螺丝紧固、配线、接线等。2. 镇流器，触发器，熔断器，电容器，灯泡安装等。

单位：套

指标编号				9F-039	
项目			单位	铁杆路灯安装（3火）	占指标基价（%）
指标基价			元	6972	100.00
一、建筑安装工程费			元	6972	100.00
二、设备购置费			元	—	—
建筑安装工程费					
直接费	人工费	人工	工日	7	—
		措施费分摊	元	18	—
		人工费小计	元	244	3.50
	材料费	触发器	个	3.06	—
		电容器	个	3.06	—
		路灯灯具	盏	3.03	—
		钠灯泡 250W	只	3.06	—
		钠镇流器	个	3.03	—
		熔断器	个	3.03	—
		铁杆灯	套	3.09	—
		其他材料费	元	118	—
		措施费分摊	元	193	—
		材料费小计	元	3341	47.92
	机械费	吊车	台班	2.00	—
		交流弧焊机	台班	1.00	—
		高空作业车	台班	1.00	—
		载重汽车	台班	1.00	—
		措施费分摊	元	11	—
		机械费小计	元	2177	31.22
	直接费小计		元	5762	82.64
综合费用			元	1210	17.36
合计			元	6972	100.00

2.11 组合路灯安装

工程内容： 1. 组合灯架安装：灯架检查，测试定位，灯具组装，螺丝紧固，配线，接线包头试灯等。2. 镇流器，触发器，熔断器，电容器，灯泡安装等。

单位：套

<table>
<tr><td colspan="4">指 标 编 号</td><td colspan="2">9F-040</td></tr>
<tr><td colspan="3">项　　目</td><td>单位</td><td>组合路灯 5 火以下（灯杆高 11m 以下）</td><td>占指标基价（%）</td></tr>
<tr><td colspan="3">指 标 基 价</td><td>元</td><td>9589</td><td>100.00</td></tr>
<tr><td colspan="3">一、建筑安装工程费</td><td>元</td><td>9589</td><td>100.00</td></tr>
<tr><td colspan="3">二、设备购置费</td><td>元</td><td>—</td><td>—</td></tr>
<tr><td colspan="6">建筑安装工程费</td></tr>
<tr><td rowspan="18">直接费</td><td rowspan="3">人工费</td><td>人工</td><td>工日</td><td>12</td><td>—</td></tr>
<tr><td>措施费分摊</td><td>元</td><td>24</td><td>—</td></tr>
<tr><td>人工费小计</td><td>元</td><td>437</td><td>4.56</td></tr>
<tr><td rowspan="8">材料费</td><td>电容器</td><td>个</td><td>5.10</td><td>—</td></tr>
<tr><td>路灯灯具</td><td>盏</td><td>5.05</td><td>—</td></tr>
<tr><td>钠灯泡 250W</td><td>只</td><td>5.10</td><td>—</td></tr>
<tr><td>钠镇流器</td><td>个</td><td>5.05</td><td>—</td></tr>
<tr><td>组合灯灯架 5 火</td><td>套</td><td>1.01</td><td>—</td></tr>
<tr><td>其他材料费</td><td>元</td><td>200</td><td>—</td></tr>
<tr><td>措施费分摊</td><td>元</td><td>265</td><td>—</td></tr>
<tr><td>材料费小计</td><td>元</td><td>4326</td><td>45.12</td></tr>
<tr><td rowspan="7">机械费</td><td>吊车</td><td>台班</td><td>2.00</td><td>—</td></tr>
<tr><td>交流弧焊机</td><td>台班</td><td>1.00</td><td>—</td></tr>
<tr><td>高空作业车</td><td>台班</td><td>2.00</td><td>—</td></tr>
<tr><td>载重汽车</td><td>台班</td><td>1.00</td><td>—</td></tr>
<tr><td>其他机械费</td><td>元</td><td>90</td><td>—</td></tr>
<tr><td>措施费分摊</td><td>元</td><td>15</td><td>—</td></tr>
<tr><td>机械费小计</td><td>元</td><td>3162</td><td>32.97</td></tr>
<tr><td colspan="3">直接费小计</td><td>元</td><td>7925</td><td>82.64</td></tr>
<tr><td colspan="3">综合费用</td><td>元</td><td>1664</td><td>17.36</td></tr>
<tr><td colspan="3">合　　计</td><td>元</td><td>9589</td><td>100.00</td></tr>
</table>

工程内容：1. 组合灯架安装：灯架检查，测试定位，灯具组装，螺丝紧固，配线，接线包头试灯等。2. 镇流器，触发器，熔断器，电容器，灯泡安装等。

单位：套

指标编号				9F-041	
项目			单位	组合路灯 9 火以下（灯杆高 11m 以下）	占指标基价（%）
指标基价			元	14942	100.00
一、建筑安装工程费			元	14942	100.00
二、设备购置费			元	—	—
建筑安装工程费					
直接费	人工费	人工	工日	16	—
		措施费分摊	元	38	—
		人工费小计	元	588	3.94
	材料费	触发器	个	9.18	—
		电容器	个	9.18	—
		路灯灯具	盏	9.09	—
		钠灯泡 250W	只	9.18	—
		钠镇流器	个	9.09	—
		熔断器	个	9.09	—
		组合灯灯架 9 火	套	1.01	—
		其他材料费	元	21	—
		措施费分摊	元	413	—
		材料费小计	元	7701	51.54
	机械费	吊车	台班	2.00	—
		交流弧焊机	台班	1.00	—
		高空作业车	台班	3.00	—
		载重汽车	台班	1.00	—
		其他机械费	元	88	—
		措施费分摊	元	24	—
		机械费小计	元	4059	27.17
直接费小计			元	12349	82.64
综合费用			元	2593	17.36
合计			元	14942	100.00

工程内容： 1. 组合灯架安装：灯架检查，测试定位，灯具组装，螺丝紧固，配线，接线包头试灯等。2. 镇流器，触发器，熔断器，电容器，灯泡安装等。

单位：套

指标编号				9F-042	
项目			单位	组合路灯 5 火以下（灯杆高 18m 以下）	占指标基价（%）
指标基价			元	14242	100.00
一、建筑安装工程费			元	14242	100.00
二、设备购置费			元	—	—
建筑安装工程费					
直接费	人工费	人工	工日	14	—
		措施费分摊	元	36	—
		人工费小计	元	523	3.67
	材料费	触发器	个	5.10	—
		电容器	个	5.10	—
		路灯灯具	盏	5.05	—
		钠灯泡 250W	只	5.10	—
		钠镇流器	个	5.05	—
		熔断器	个	5.05	—
		组合灯灯架 5 火	套	1.01	—
		其他材料费	元	21	—
		措施费分摊	元	394	—
		材料费小计	元	8070	56.67
	机械费	吊车	台班	2.00	—
		交流弧焊机	台班	1.00	—
		高空作业车	台班	2.00	—
		载重汽车	台班	1.00	—
		其他机械费	元	97	—
		措施费分摊	元	23	—
		机械费小计	元	3176	22.30
	直接费小计		元	11770	82.64
综合费用			元	2472	17.36
合计			元	14242	100.00

工程内容： 1. 组合灯架安装：灯架检查，测试定位，灯具组装，螺丝紧固，配线，接线包头试灯等。2. 镇流器，触发器，熔断器，电容器，灯泡安装等。

单位：套

指标编号				9F-043	
项目			单位	组合路灯 9 火以下（灯杆高 18m 以下）	占指标基价（%）
指标基价			元	20942	100.00
一、建筑安装工程费			元	20942	100.00
二、设备购置费			元	—	—
建筑安装工程费					
直接费	人工费	人工	工日	19	—
		措施费分摊	元	53	—
		人工费小计	元	689	3.29
	材料费	触发器	个	9.18	—
		电容器	个	9.18	—
		路灯灯具	盏	9.09	—
		钠灯泡 250W	只	9.18	—
		钠镇流器	个	9.09	—
		熔断器	个	9.09	—
		组合灯灯架 9 火	套	1.01	—
		其他材料费	元	21	—
		措施费分摊	元	579	—
		材料费小计	元	12528	59.82
	机械费	吊车	台班	2.00	—
		交流弧焊机	台班	1.00	—
		高空作业车	台班	3.00	—
		载重汽车	台班	1.00	—
		其他机械费	元	110	—
		措施费分摊	元	33	—
		机械费小计	元	4090	19.53
	直接费小计		元	17307	82.64
综合费用			元	3635	17.36
合计			元	20942	100.00

2.12 高杆灯安装

工程内容：1. 组合灯架安装：灯架检查，测试定位，灯具组装，螺丝紧固，配线，接线包头试灯等。2.镇流器，触发器，熔断器，电容器，灯泡安装等。

单位：套

指标编号				9F-044	
项目			单位	高杆灯安装（灯架固定式 12 火以下）	占指标基价（%）
指标基价			元	89478	100.00
一、建筑安装工程费			元	89478	100.00
二、设备购置费			元	—	—
建筑安装工程费					
直接费	人工费	人工	工日	51	—
		措施费分摊	元	228	—
		人工费小计	元	1979	2.21
	材料费	高杆灯灯架 12 火	套	1.01	—
		路灯灯具	盏	12.18	—
		钠灯泡 400W	只	12.54	—
		熔断器	个	12.18	—
		其他材料费	元	42	—
		措施费分摊	元	2474	—
		材料费小计	元	66874	74.74
	机械费	吊车	台班	2.00	—
		交流弧焊机	台班	1.00	—
		高空作业车	台班	4.00	—
		载重汽车	台班	1.00	—
		其他机械费	元	116	—
		措施费分摊	元	142	—
		机械费小计	元	5094	5.69
	直接费小计		元	73949	82.64
综合费用			元	15529	17.36
合计			元	89478	100.00

工程内容： 1. 高杆灯架安装：测位，划线，成套吊装，找正，螺丝紧固，配线，焊压包头，试验等。2. 灯具、灯泡安装等。

单位：套

指标编号				9F-045	
项目			单位	高杆灯安装（灯架固定式 18 火以下）	占指标基价（%）
指标基价			元	113642	100.00
一、建筑安装工程费			元	113642	100.00
二、设备购置费			元	—	—
建筑安装工程费					
直接费	人工费	人工	工日	56	—
		措施费分摊	元	289	—
		人工费小计	元	2206	1.94
	材料费	高杆灯灯架 18 火	套	1.01	—
		路灯灯具	盏	18.18	—
		钠灯泡 400W	只	18.54	—
		熔断器	个	18.18	—
		其他材料费	元	42	—
		措施费分摊	元	3143	—
		材料费小计	元	84929	74.73
	机械费	吊车	台班	3.00	—
		交流弧焊机	台班	2.00	—
		高空作业车	台班	5.00	—
		载重汽车	台班	2.00	—
		其他机械费	元	126	—
		措施费分摊	元	181	—
		机械费小计	元	6785	5.97
	直接费小计		元	93919	82.64
综合费用			元	19723	17.36
合　计			元	113642	100.00

工程内容：1. 高杆灯架安装：测位，划线，成套吊装，找正，螺丝紧固，配线，焊压包头，试验等。2. 灯具、灯泡安装等。

单位：套

指 标 编 号				9F-046	
项　目			单位	高杆灯安装（灯架固定式 24 火以下）	占指标基价（%）
指 标 基 价			元	129197.61	100.00
一、建筑安装工程费			元	129197.61	100.00
二、设备购置费			元	—	—
建筑安装工程费					
直接费	人工费	人工	工日	61	—
		措施费分摊	元	329	—
		人工费小计	元	2419	1.87
	材料费	高杆灯灯架 24 火	套	1.01	—
		路灯灯具	盏	24.24	—
		钠灯泡 400W	只	24.72	—
		熔断器	个	24.24	—
		其他材料费	元	42	—
		措施费分摊	元	3573	—
		材料费小计	元	96656	74.81
	机械费	吊车	台班	3.00	—
		交流弧焊机	台班	2.00	—
		高空作业车	台班	6.00	—
		载重汽车	台班	2.00	—
		其他机械费	元	137	—
		措施费分摊	元	205	—
		机械费小计	元	7700	5.96
	直接费小计		元	106775	82.64
综合费用			元	22423	17.36
合　计			元	129198	100.00

工程内容：1. 高杆灯架安装：测位，划线，成套吊装，找正，螺丝紧固，配线，焊压包头，试验等。2. 灯具、灯泡安装等。

单位：套

指标编号				9F-047	
项目			单位	高杆灯安装（灯架固定式 36 火以下）	占指标基价（%）
指标基价			元	164055	100.00
一、建筑安装工程费			元	164055	100.00
二、设备购置费			元	—	—
建筑安装工程费					
直接费	人工费	人工	工日	69	—
		措施费分摊	元	417	—
		人工费小计	元	2763	1.68
	材料费	高杆灯灯架 36 火	套	1.01	—
		路灯灯具	盏	36.36	—
		钠灯泡 400W	只	37.08	—
		熔断器	个	36.36	—
		其他材料费	元	42	—
		措施费分摊	元	4537	—
		材料费小计	元	124028	75.60
	机械费	吊车	台班	3.00	—
		交流弧焊机	台班	2.00	—
		高空作业车	台班	7.00	—
		载重汽车	台班	2.00	—
		其他机械费	元	146	—
		措施费分摊	元	261	—
		机械费小计	元	8790	5.36
	直接费小计		元	135582	82.64
综合费用			元	28472	17.36
合计			元	164055	100.00

工程内容：1. 高杆灯架安装：测位，划线，成套吊装，找正，螺丝紧固，配线，焊压包头，试验等。2. 灯具、灯泡安装等。

单位：套

指标编号				9F-048	
项目			单位	高杆灯安装（灯架升降式 12 火以下）	占指标基价（%）
指标基价			元	126657	100.00
一、建筑安装工程费			元	126657	100.00
二、设备购置费			元	—	—
建筑安装工程费					
直接费	人工费	人工	工日	55	—
		措施费分摊	元	323	—
		人工费小计	元	2214	1.75
	材料费	高杆灯灯架 12 火	套	1.01	—
		升降传动装置	套	1.01	—
		路灯灯具	盏	12.12	—
		避雷针	基	1.01	—
		钠灯泡 400W	只	12.36	—
		熔断器	个	12.12	—
		其他材料费	元	42	—
		措施费分摊	元	3277	—
		材料费小计	元	95563	75.45
	机械费	吊车	台班	3.00	—
		交流弧焊机	台班	2.00	—
		高空作业车	台班	5.00	—
		载重汽车	台班	2.00	—
		其他机械费	元	95	—
		措施费分摊	元	202	—
		机械费小计	元	6898	5.45
	直接费小计		元	104675	82.64
综合费用			元	21982	17.36
合　计			元	126657	100.00

工程内容：1. 高杆灯架安装：测位，划线，成套吊装，找正，螺丝紧固，配线，焊压包头，传动装置清洗上油试验等。2. 灯具、灯泡安装等。

单位：套

指 标 编 号				9F-049	
项　　目			单位	高杆灯安装（灯架升降式 18 火以下）	占指标基价（%）
指 标 基 价			元	144105	100.00
一、建筑安装工程费			元	144105	100.00
二、设备购置费			元	—	—
建筑安装工程费					
直接费	人工费	人工	工日	66	—
		措施费分摊	元	366	—
		人工费小计	元	2603	1.81
	材料费	高杆灯灯架 18 火	套	1.01	—
		升降传动装置	套	1.01	—
		路灯灯具	盏	18.18	—
		避雷针	基	1.01	—
		钠灯泡 400W	只	18.54	—
		熔断器	个	18.12	—
		其他材料费	元	42	—
		措施费分摊	元	3985	—
		材料费小计	元	108664	75.41
	机械费	吊车	台班	3.00	—
		交流弧焊机	台班	2.00	—
		高空作业车	台班	6.00	—
		载重汽车	台班	2.00	—
		其他机械费	元	107	—
		措施费分摊	元	229	—
		机械费小计	元	7829	5.43
	直接费小计		元	119095	82.64
综合费用			元	25010	17.36
合　　计			元	144105	100.00

工程内容：1. 高杆灯架安装：测位，划线，成套吊装，找正，螺丝紧固，配线，焊压包头，传动装置清洗上油试验等。2. 灯具、灯泡安装等。

单位：套

指标编号				9F-050	
项目			单位	高杆灯安装（灯架升降式 36 火以下）	占指标基价（%）
指标基价			元	202240	100.00
一、建筑安装工程费			元	202240	100.00
二、设备购置费			元	—	—
建筑安装工程费					
直接费	人工费	人工	工日	72	—
		措施费分摊	元	514	—
		人工费小计	元	2955	1.46
	材料费	高杆灯灯架 36 火	套	1.01	—
		升降传动装置	套	1.01	—
		路灯灯具	盏	36.36	—
		避雷针	基	1.01	—
		钠灯泡 400W	只	36.36	—
		熔断器	个	36.36	—
		其他材料费	元	42	—
		措施费分摊	元	5593	—
		材料费小计	元	152892	75.60
	机械费	吊车	台班	5.00	—
		交流弧焊机	台班	2.00	—
		高空作业车	台班	9.00	—
		载重汽车	台班	2.00	—
		其他机械费	元	141	—
		措施费分摊	元	321	—
		机械费小计	元	11294	5.58
	直接费小计		元	167141	82.64
综合费用			元	35100	17.36
合计			元	202240	100.00

2.13　庭院路灯安装

工程内容：1. 庭院灯安装：测位，划线，支架安装，灯具组装，接线等。2. 灯泡、镇流器、熔断器安装等。

单位：套

指标编号				9F-051	
项目			单位	庭院路灯安装（3 火以内）	占指标基价（%）
指标基价			元	4245	100.00
一、建筑安装工程费			元	4245	100.00
二、设备购置费			元	—	—
建筑安装工程费					
直接费	人工费	人工	工日	3	—
		措施费分摊	元	11	—
		人工费小计	元	96	2.26
	材料费	庭院路灯	套	1.01	—
		汞镇流器	个	7.07	—
		汞灯泡	只	7.07	—
		其他材料费	元	86	—
		措施费分摊	元	117	—
		材料费小计	元	1182	27.84
	机械费	吊车	台班	2.00	—
		交流弧焊机	台班	2.00	—
		高空作业车	台班	1.00	—
		载重汽车	台班	1.00	—
		措施费分摊	元	7	—
		机械费小计	元	2230	52.54
	直接费小计		元	3508	82.64
综合费用			元	737	17.36
合　计			元	4245	100.00

2.14 壁灯安装

工程内容：1. 壁灯安装：测位，划线，支架安装，灯具组装，接线等。2. 灯泡、镇流器、熔断器安装等。

单位：套

指标编号				9F-052	
项目			单位	壁灯安装	占指标基价（%）
指标基价			元	3277	100.00
一、建筑安装工程费			元	3277	100.00
二、设备购置费			元	—	—
建筑安装工程费					
直接费	人工费	人工	工日	5	—
		措施费分摊	元	8	—
		人工费小计	元	179	5.46
	材料费	壁灯	套	1.01	—
		钠镇流器	个	1.01	—
		钠灯泡 400W	只	1.03	—
		其他材料费	元	20	—
		措施费分摊	元	91	—
		材料费小计	元	761	23.23
	机械费	吊车	台班	1.00	—
		交流弧焊机	台班	1.00	—
		高空作业车	台班	1.00	—
		载重汽车	台班	1.00	—
		措施费分摊	元	5	—
		机械费小计	元	1768	53.95
	直接费小计		元	2709	82.64
综合费用			元	569	17.36
合计			元	3277	100.00

附　　录

附录一　主要材料、机械台班、设备单价取定表

序　号	人材机名称	规 格 型 号	单　位	单价（元）
1	白布		m	6.80
2	白纱带		卷	7.56
3	抱箍		副	11.00
4	抱箍	D300	个	15.54
5	扁钢		kg	3.35
6	变压器油		kg	5.52
7	标志牌		个	0.02
8	草袋子		m^2	1.89
9	触发器		个	24.00
10	灯架穿线		100m	0.87
11	底盘		个	33.27
12	电焊条		kg	110.00
13	电缆引线卡		个	3.90
14	电力复合脂	一级	kg	21.00
15	电容器		个	49.00
16	吊车	8t	台班	402.49
17	吊铁拉板		根	7.73
18	跌落式	单相	组	154.00
19	蝶式绝缘子		个	17.60
20	丁字铁横担		组	94.60
21	镀锌 M 型抱铁		个	7.77
22	镀锌 U 型抱箍		套	11.00
23	镀锌钢管		m	28.16
24	镀锌角钢	150mm×5mm	t	4400.00
25	镀锌接地线板		个	1.00
26	镀锌精制带帽螺栓		套	2.07
27	镀锌铁丝	ϕ8	kg	4.43
28	镀锌铁丝	ϕ10	kg	7.80
29	二等板方材		m^3	1452.00
30	防锈漆		kg	13.23
31	酚醛磁漆		kg	13.97
32	封铅	含铅 65%含锡 35%	kg	33.05
33	复合木模板		m^2	1144.00
34	钢板垫板		kg	4.65

续表

序 号	人材机名称	规 格 型 号	单 位	单价（元）
35	钢筋	ϕ10 以外	kg	3.55
36	钢线卡子		个	2.32
37	钢芯铝绞线		单线 km	6350.00
38	焊锡		kg	33.35
39	焊锡膏	50g	kg	27.60
40	合金钢钻头		个	32.20
41	标准砖		千块	290.00
42	交流弧焊机		台班	58.17
43	铸铁电缆保护管	*DN*150	10m	350.00
44	铁电杆		根	5760
45	沥青绝缘漆		kg	7.26
46	铝绑线		m	0.09
47	铝包带		m	0.37
48	壁灯		套	384.00
49	避雷器	三相	组	372.90
50	避雷针		基	60.39
51	避雷器		组	124.30
52	变压器		台	12764.40
53	变压器	三相	台	37900.80
54	变压器台架		套	2882.40
55	草板纸		张	0.85
56	单臂悬挑灯架		套	338.40
57	导线跨越		处	25.92
58	低压刀闸	单相	个	240.00
59	低压刀闸	三相	组	703.20
60	电缆井		个	748.00
61	电缆铝线	VLV-1kV-4×35mm^2	100m	14.40
62	电缆铝线	VLV-1kV -4×50mm^2	100m	28.80
63	电缆铜线	VV-1kV-4×35mm^2	100m	781.00
64	电缆铜线	VV-1kV -4×50mm^2	100m	1125.00
65	电缆铜线	VV-1kV -4×25mm^2	100m	43.92
66	电缆沿保护敷设		100m	73.20
67	电缆中间接头	35 ~ 400mm^2	套	35.00
68	电缆中间头		个	97.02

续表

序 号	人材机名称	规 格 型 号	单 位	单价（元）
69	电缆终端头		个	70.56
70	电源点改造		个	6800.00
71	电缆		100m	7320.00
72	吊铁		根	29.11
73	低压电缆		100m	781.00
74	高压电缆		100m	45592.07
75	拉线		组	763.20
76	调和漆		kg	12.92
77	跌落式	三相	组	462.00
78	丁腈橡胶管		kg	10.50
79	顶套		套	150.00
80	镀锡裸铜线		kg	30.27
81	镀锌电缆卡子		套	0.25
82	镀锌焊接管		t	4406.68
83	多孔水泥管		100m	43.20
84	二丁酯		kg	14.84
85	钢电缆保护管敷设		10m	30.03
86	钢管保护管		根	240.00
87	钢锯条		根	0.46
88	钢索架设		1km	10.84
89	高、低压开关柜		台	10200.00
90	高杆灯灯架	12 火	套	42000.00
91	高杆灯灯架	18 火	套	45600.00
92	高杆灯灯架	24 火	套	50400.00
93	高杆灯灯架	36 火	套	56400.60
94	隔离剂		m^3	0.60
95	汞灯泡		只	18.00
96	汞镇流器		个	72.60
97	构架接地		处	240.00
98	固定卡子		套	21.47
99	绝缘铜线		单线 km	90420.00
100	户内接地母线		10m	120.00
101	环氧树脂		kg	27.18
102	黄干油		kg	5.90

续表

序　号	人材机名称	规 格 型 号	单　位	单价（元）
103	路灯基础	1.5m	个	224.40
104	路灯基础	1.7m	个	312.00
105	高杆灯基础	3.0m	个	7705.20
106	支持铁板		个	27.37
107	架空电缆		km	89340.00
108	角钢		kg	3.61
109	角钢接地极		根	5.75
110	接地坂		个	27.79
111	绝缘铝锌线		单线 km	14880.00
112	悬持线夹		个	40.00
113	电缆引线卡		个	3.90
114	接地母线		10m	18.00
115	接地极		根	27.79
116	聚氨酯树脂		kg	27.18
117	聚四氟乙烯带		kg	5.36
118	绝缘铜芯线		单线 km	9042.00
119	卡管横担		个	27.50
120	卡盘		个	15.53
121	控制配电箱		台	472.30
122	控制配电箱	三相	台	6456.00
123	组合灯路灯	5 火	套	3894.00
124	组合灯路灯	9 火	套	32560.00
125	中杆灯灯柱	15m	基	36560.00
126	沥青绝缘漆		kg	4.05
127	梁卡具		kg	3.55
128	滤油纸		张	4.10
129	路灯编号		杆	2.00
130	路灯灯具		盏	432.00
131	路灯底座		个	346.80
132	铝箔带		m	7.95
133	铝接线端子		个	3.00
134	螺丝		个	7.34
135	锚定线夹		个	72.00
136	棉纱头		kg	8.24

续表

序 号	人材机名称	规 格 型 号	单 位	单价（元）
137	模板方材		m^3	1452.00
138	母线横担		组	107.80
139	高压环网柜		台	21200.00
140	不间断电源		组	81700.00
141	钠灯泡	250W	只	83.16
142	钠灯泡	400W	只	98.40
143	钠镇流器		个	175.00
144	爬梯、抱箍		100kg	4.60
145	爬梯、预埋件		100kg	3950.00
146	膨胀螺栓		套	16.40
147	平板拖车组	8t	台班	469.99
148	破布		kg	5.04
149	混凝土保护板		100m	820.40
150	GPS 卫星跟踪定位软件		100m	500000.00
151	汽车式起重机	8t(以内）	台班	461.78
152	汽油		kg	4.60
153	钳接管		个	1.73
154	青壳纸		m^3	36.80
155	清油		kg	13.97
156	溶剂汽油		kg	2.76
157	熔断器		个	12.10
158	中砂		m^3	103.98
159	升降传动装置		套	27600.00
160	施工定位		个	8.88
161	载重汽车		台班	411.42
162	石棉绒		m^2	4.25
163	石墨接地极		根	320.00
164	石英粉		kg	0.63
165	双臂悬挑灯架		套	338.40
166	双挂板		个	8.40
167	双面半导体布带	20mm × 5m	m	2.40
168	水		m^3	8.00
169	水泥		吨	365.00

续表

序　号	人材机名称	规 格 型 号	单　位	单价（元）
170	水泥砂浆		kg	275.48
171	聚乙烯塑料布		m^2	10.92
172	塑料带	19mm	盘	4.56
173	塑料管		m	29.48
174	大屏幕投影系统		个	112150.00
175	地理信息系统（GIS）		个	1558200.00
176	路灯监控终端		个	10600.00
177	通讯与数据服务器		台	36800.00
178	高杆灯灯柱		基	46560.00
179	组合灯灯架	5 火	套	3894.00
180	组合灯灯架	9 火	套	4614.00
181	VLV22		个	45592.07
182	U 型挂环		个	2.00
183	塑料弯头		个	2.14
184	铁电杆	11m	根	2349.60
185	铁电杆	15m	根	3360.00
186	铁电杆基础笼子		个	357.6
187	铁钉		kg	4.19
188	铁杆灯		套	196.80
189	铁横担	50m×5m×1.8m	根	47.30
190	铁横担	50m×5m×2.4m	根	94.60
191	铁拉板		个	7.73
192	铁砂布		张	1.15
193	庭院路灯		套	123.60
194	T 型线夹		个	26.46
195	混凝土电杆	11m	根	819.60
196	混凝土电杆	15m	根	2236.80
197	铜绑线		m	0.39
198	铜包带		m	0.37
199	铜端子		个	4.95
200	铜绞线		单线 km	1488.00
201	铜接线端子		个	4.50
202	地埋式变压器	S11-M.R.D-50/10kV · A	台	38700.00

续表

序　号	人材机名称	规 格 型 号	单　位	单价（元）
203	户外冷缩接头		个	1750.00
204	组合钢模板		kg	4.30
205	自粘性橡胶带	20mm×5m	卷	2.38
206	圆钢筋	ϕ12	t	3950.00
207	铸铁井盖、井座		套	520.00
208	铸铁管		100m	28.16
209	相色带	20mm×20mm	卷	3.52
210	箱式变电站	2.5mm×2.8mm×6.0mm	座	276000.00
211	箱变基础		基	10559.11
212	橡胶垫		m^2	21.00
213	氧气		m^3	4.70
214	乙炔气		m^3	15.00
215	引下槽钢		组	267.60
216	硬酯酸	一级	kg	10.72
217	预制混凝土大型屋面板		$10m^3$	173.00
218	针式绝缘子		个	19.36
219	镇流器挂板		个	3.00

附录二　编制路灯工程投资估算应用案例

1　综合指标应用案例

例：东北某城市架设路灯杆工程，规划设计路灯线路 0.5km，挖杆坑深度为 2m 等。市场人工工日、材料、机械台班价格见下表。

价　格　表

序号	项　　目	费　　用	序号	项　　目	费　　用
1	人工	40 元/工日	2	变压器	12764.4 元/台
3	变压器台架	2882.4 元/套	4	单臂悬挑灯架	338.4 元/套
5	控制配电箱	5496 元/台	6	路灯灯具	432 元/盏
7	钠灯泡	83.16 元/只	8	钠镇流器	175 元/个
9	混凝土电杆	850 元/根	10	铜绞线	5505.6 元/单线 km
11	吊车	402.49 元/台班	12	交流弧焊机	61 元/台班
13	高空作业车	891 元/台班	14	载重汽车	411.42 元/台班

一、综合指标建筑安装工程计算：

（一）查本分册综合指标 9Z-001。

（二）综合指标按每公里直接费中人工费、材料费、机械费单价换价。

1. 人工费换价：

人工费=综合工日×（采用当日当地的）工日单价

=194.08×40=7763.2（元）

2. 材料费换价，见下表。

材料费换价表

序号	规 格 型 号	单位	单价（元）	耗用量	合价（元）
1	变压器	台	12764.40	1.01	12892.04
2	变压器台架	套	2884.40	1.01	2913.24
3	单臂悬挑灯架	套	338.40	29.29	9911.74
4	控制配电箱	台	5496.00	1.01	5550.96
5	路灯灯具	盏	432.00	29.29	12653.28
6	钠灯泡	只	83.16	29.29	2435.76
7	钠镇流器	个	175.00	29.29	5125.75
8	混凝土电杆	根	850.00	2.02	1717.00
9	铜绞线	单线 km	5505.60	2.02	11121.31
合　计		—	—	—	64321.08

$$其他材料费=指标其他材料费\times\frac{调整后的主要材料费}{指标（材料费小计-其他材料费-材料费中措施费分摊）}$$

$$=14263.35\times\frac{64321.08}{79548.29-14263.35-3211.38}=14779.79（元）$$

3. 机械费换价，见下表。

机械费换价表

序号	规 格 型 号	单位	单价（元）	耗用量	合价（元）
1	吊车	台班	402.49	3.00	1207.47
2	交流弧焊机	台班	61.00	2.00	122.00
3	高空作业车	台班	891.00	5.00	4455.00
4	载重汽车	台班	411.42	3.00	1234.26
合　计		—	—	—	7018.73

$$其他机械费=指标其他机械费\times\frac{调整后的主要机械费}{指标（机械费小计-其他机械费-机械费中措施费分摊）}$$

$$=61.03\times\frac{7018.73}{7258.14-61.03-184.56}=61.08(元)$$

（三）措施费计算，按综合考虑其费率为4%，则：

措施费=调整后的（人工费+主材费+其他材料费+机械费）×费率

（其中分摊比例：人工费占8%，材料费占87%，机械费占5%）

9Z-001 措施费计算：

调整后的（人工费+主材费+其他材料费+机械费）=7763.2+64321.08+14779.79+7018.73+61.08

=93943.88（元）

措施费=93943.88×4%=3757.76（元）

其中：人工费中措施费分摊=3757.76×8%=300.62（元）

材料费中措施费分摊=3757.76×87%=3269.25（元）

机械费中措施费分摊=3757.76×5%=187.89（元）

（四）建筑安装工程直接费小计：

建筑安装工程直接费小计=调整后的（人工费+主材费+机械费）

其中：人工费小计=调整后的（人工费+人工费中措施费分摊）

材料费小计=调整后的（主材费+其他材料费+材料费中措施费分摊）

机械费小计=调整后的（机械费+机械费中措施费分摊）

9Z-001 建筑安装工程直接费小计：

建筑安装工程直接费小计=8063.82+82370.12+7267.70=97701.64（元）

其中：人工费小计= 8063.82（元）

材料费小计= 64321.08+14779.79+3269.25=82370.12（元）

机械费小计=7018.73+61.08+187.89=7267.70（元）

（五）综合费用计算，采用综合费率为21%，则：

综合费用=建筑安装工程直接费小计×综合费用费率

9Z-001 综合费用=97701.64×21%=20517.34（元）

（六）建筑安装工程直接费合计：

建筑安装工程直接费合计=建筑安装工程直接费小计+综合费用

9Z-001 建筑安装工程直接费合计=97701.64+20517.34=118218.98（元）

二、设备购置费： 无

三、指标基价计算：

（一）工程建设其他费用，工程建设其他费用费率为15%，则：

工程建设其他费用=调整后的（建筑安装工程费+设备购置费）×费率

9Z-001 工程建设其他费用=118218.98×15%=17732.85（元）

（二）预备费，基本预备费率取定为8%，则：

基本预备费=调整后的（建筑安装工程费+设备购置费+工程建设其他费用）×费率

基本预备费=（118218.98+17732.85）×8%=10876.15（元）

（三）调整后的每公里的指标基价：

每公里的指标基价=调整后的（建筑安装工程费+设备购置费+工程建设其他费用+基本预备费）

调整后的指标基价=118218.98+17732.85+10876.15=146827.98（元）

综合指标应用案例计算表详见下表。

（四）建设项目总造价：

建设项目总造价=每公里指标×路灯线路总长度

=146827.98×1.5=220242（元）

工程名称：东北某城市架设路灯杆工程，规划设计路灯线路 1.5km。

工程特征：挖杆坑深度为杆高的 1/7。

工程内容：变压器台制作及安装，路灯控制箱，柜安装，横担，线夹安装，导线架设，拉紧线制作，抱箍灯架安装，灯具安装，灯泡安装，触发器安装，补偿电容安装，保险器安装，镇流器安装，配线，接线，穿管穿线，（系统，单灯）调试等。

单位：km

指标编号				9Z-001 换	
项目			单位	合杆架设安装单灯单侧路灯	占指标基价（%）
指标基价			元	146828	100.00
一、建筑安装工程费			元	118219	80.52
二、设备购置费			元	—	—
三、工程建设其他费用			元	17733	12.08
四、基本预备费			元	10876	7.41
建筑安装工程费					
直接费	人工费	人工	工日	194	—
		措施费分摊	元	300	—
		人工费小计	元	8064	5.49
	材料费	变压器	台	1.01	—
		变压器台架	套	1.01	—
		单臂悬挑灯架	套	29.29	—
		控制配电箱	台	1.01	—
		路灯灯具	盏	29.29	—
		钠灯泡	只	29.29	—
		钠镇流器	个	29.29	—
		混凝土电杆	根	2.02	—
		铜绞线	单线 km	2.02	—
		其他材料费	元	14780	—
		措施费分摊	元	3269	—
		材料费小计	元	82370	56.10
	机械费	吊车	台班	3.00	—
		交流弧焊机	台班	2.00	—
		高空作业车	台班	5.00	—
		施工用车	台班	3.00	—
		其他机械费	元	61	—
		措施费分摊	元	188	—
		机械费小计	元	7268	4.95
	直接费小计		元	97702	66.54
综合费用			元	20517	13.97
合计			元	118219	80.52

2　分项指标应用案例

例：东北某城市拟架设 100kV · A 单台，变压台数量为 2 个；挖杆坑深度为 2m，变压器及控制箱调试送
。市场材料价格如下表。

价　格　表

序号	项　　目	费　　用	序号	项　　目	费　　用
1	人工	40.00 元/工日	6	塑料管	79.42 元/m
2	变压器	19051.20 元/台	7	混凝土电杆	850.00 元/根
3	变压器台架	2884.40 元/套	8	吊 车	402.49 元/台班
4	控制配电箱	472.30 元/台	9	交流弧焊机	61.00 元/台班
5	母线横担	107.80 元/组	10	载重汽车	411.42 元/台班

一、综合指标建筑安装工程计算：

（一）查本分册综合指标 9F-001。

（二）综合指标按每公里直接费中人工费、材料费、机械费单价换价。

1. 人工费换价：

人工费=综合工日×（采用当日当地的）工日单价

=71.89×40=2875.60（元）

2. 材料费换价，见下表。

材料费换价表

序号	规 格 型 号	单位	单价（元）	耗用量	合价（元）
1	变压器	台	19051.20	1.01	19241.71
2	变压器台架	套	2884.40	1.01	2911.22
3	控制配电箱	台	472.30	1.01	477.02
4	母线横担	组	107.80	3.03	326.63
5	塑料管	m	79.42	6.06	481.29
6	混凝土电杆	根	850.00	2.00	1700.00
合　计		—	—	—	25820.44

$$\text{其他材料费}=\text{指标其他材料费}\times\frac{\text{调整后的主要材料费}}{\text{指标（材料费小计}-\text{其他材料费}-\text{材料费中措施费分摊）}}$$

$$=1802.26\times\frac{25820.44}{28281.2-1802.26-1064.53}=1831.05(\text{元})$$

3. 机械费换价，见下表。

机械费换价表

序号	规 格 型 号	单位	单价（元）	耗用量	合价（元）
1	吊车	台班	402.49	1.00	402.49
2	交流弧焊机	台班	61.00	1.00	61.00
3	载重汽车	台班	411.42	1.00	411.42
合　计		—	—	—	874.91

$$其他机械费=指标其他机械费\times\frac{调整后的主要机械费}{指标（机械费小计-其他机械费-机械费中措施费分摊）}$$

$$=47.32\times\frac{874.91}{980.58-47.32-61.18}=47.47（元）$$

（三）措施费计，按综合考虑其费率为 4%，则：

措施费=调整后的（人工费+主材费+其他材料费+机械费）×费率

（其中分摊比例：人工费占 8%，材料费占 87%，机械费占 5%）

9F-001 措施费计算：

调整后的（人工费+主材费+其他材料费+机械费）=2875.6+25820.44+874.91+1878.53

=31449.48（元）

措施费=31449.48×4%=1257.98（元）

其中：人工费中措施费分摊=1257.98×8%=100.64（元）

材料费中措施费分摊=1257.98×87%=1094.44（元）

机械费中措施费分摊=1257.98×5%=62.90（元）

（四）建筑安装工程直接费小计：

建筑安装工程直接费小计=调整后的（人工费+主材费+机械费）

其中：人工费小计=调整后的（人工费+人工费中措施费分摊）

材料费小计=调整后的（主材费+其他材料费+材料费中措施费分摊）

机械费小计=调整后的（机械费+机械费中措施费分摊）

9F-001 建筑安装工程直接费小计：

建筑安装工程直接费小计=2976.24+28745.93+985.28=32707.45（元）

其中：人工费小计=2976.24 （元）

材料费小计= 25820.44+1831.05+1094.44=28745.93（元）

机械费小计=874.91+47.47+62.90=985.28（元）

（五）综合费用计算，采用综合费率为 21%，则：

综合费用=建筑安装工程直接费小计×综合费用费率

9F-001 综合费用=32707.45×21%=6868.56（元）

（六）调整后的分项指标基价：

建筑安装工程直接费合计=建筑安装工程直接费小计+综合费用

9ZF-001 建筑安装工程直接费合计=32707.45+6868.56=39576.01（元）

分项指标应用案例计算表详见下表。

二、建筑安装工程造价：

建筑安装工程造价=总台数×每台建筑安装工程费

=39576.01×2=79152.02（元）

工程名称：东北某城市拟架设 100kV · A 单台，变压台数量为 2 个。

工程特征：挖杆坑深度为 2m，变压器及控制箱调试送电。

工程内容：挖电杆坑、安装底卡盘、组立电杆、杆坑填回、横担抱箍安装、变压器台架安装、高压跌落式、避雷器安装、控制箱安装、变压器安装等。

单位：台

指标编号				9F-001 换	
项目			单位	杆上变压器容量在 100kV · A 以下单相 H 台安装	占指标基价（%）
指标基价			元	39576	100.00
一、建筑安装工程费			元	39576	100.00
二、设备购置费			元	—	—
建筑安装工程费					
直接费	人工费	人工	工日	72	—
		措施费分摊	元	101	—
		人工费小计	元	2976	7.52
	材料费	变压器	台	1.01	—
		变压器台架	套	1.01	—
		控制配电箱	台	1.01	—
		母线横担	组	3.03	—
		塑料管	m	6.06	—
		混凝土电杆	根	2.00	—
		其他材料费	元	1831	—
		措施费分摊	元	1094	—
		材料费小计	元	28746	72.63
	机械费	吊车	台班	1.00	—
		交流弧焊机	台班	1.00	—
		载重汽车	台班	1.00	—
		其他机械费	元	47	—
		措施费分摊	元	63	—
		机械费小计	元	985	2.49
	直接费小计		元	32707	82.64
综合费用			元	6869	17.36
合　　计			元	39576	100.00

本册主编单位： 辽宁省建设工程造价管理总站

沈阳市路灯管理局

本册参编单位： 北京市路灯管理处

天津市路灯管理处

柳州市路灯管理处

成都市路灯管理处

本册主要编写人员： 石　刚　孙幼平　千　仲　吴宏伟　王慧颖

董　阳　徐成高　孟祥珍　马立凤　郭志华

徐春海　白　岩　赵秋明　吉艳娥　石　梅

石　玉　魏积斌　丁黎生　李　朋　赵　丹

李维国　周继彤　于晓光　刘　闯　董亚军

张晓东　赵宏伟

综合组成员： 胡传海　徐金泉　王海宏　胡晓丽　白洁如

李艳海　刘　军　刘　智　李永芳　白树华

张东海　龚伟中　王　梅　刘　运　陆勇雄

陈益梁　刘　洁　温鄂生　金春平　吴宏伟

王慧颖　陈建民　石　刚